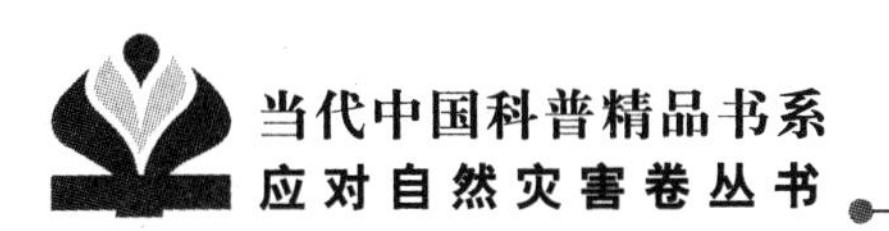

水多水少话祸福

——认识洪涝与干旱灾害

吕　娟　主　编
李　娜　苏志诚　副主编

科学普及出版社
·北　京·

图书在版编目（CIP）数据

水多水少话祸福：认识洪涝与干旱灾害 / 吕娟主编．—北京：科学普及出版社，2012.1
（当代中国科普精品书系．应对自然灾害卷）
ISBN 978-7-110-07664-4

Ⅰ．①水… Ⅱ．①吕… Ⅲ．①洪水－水灾－普及读物 ②干旱－普及读物 Ⅳ．① P426.616—49

中国版本图书馆 CIP 数据核字（2012）第 005223 号

策划编辑 许 慧 张 楠
责任编辑 张 楠 高雪岩
责任校对 韩 玲
责任印制 张建农
装帧设计 中文天地

出版发行 科学普及出版社
地　　址 北京市海淀区中关村南大街16号
邮　　编 100081
发行电话 010-62173865
传　　真 010-62179148
投稿电话 010-62176522
网　　址 http://www.cspbooks.com.cn

开　　本 787mm × 1092mm 1/16
字　　数 180千字
印　　张 11.25
彩　　插 6页
版　　次 2012年6月第1版
印　　次 2012年6月第1次印刷
印　　刷 北京金信诺印刷有限公司

书　　号 ISBN 978-7-110-07664-4/P · 94
定　　价 28.00元

内 容 提 要

本书为“当代中国科普精品书系·应对自然灾害卷”中的一个分册。全书共分三篇，第一篇从不同角度介绍了水与自然、水与人类社会的关系，第二、三篇在对洪涝和干旱灾害进行概述的基础上，介绍了大量古今中外的水旱灾害事件及抗灾减灾实例，并对水旱灾害的减灾措施和生活中的避险减灾方法进行了深刻而生动的阐述。

本书既可为广大读者提供水旱灾害方面的科普知识，也可为相关专业人员提供技术参考。

《当代中国科普精品书系》总编委会成员

（以姓氏拼音为序）

《应对自然灾害》分卷编委会

《水多水少话祸福》编委会

总　序

以胡锦涛同志为总书记的党中央提出科学发展观、以人为本、建设和谐社会的治国方略，是对建设中国特色社会主义国家理论的又一创新和发展。实践这一大政方针是长期而艰巨的历史重任，其根本举措是普及教育、普及科学、提高全民的科学文化素质，这是强国富民的百年大计、千年伟业。

为深入贯彻科学发展观和《中华人民共和国科学技术普及法》，提高全民的科学文化素质，中国科普作家协会以繁荣科普创作为己任，发扬茅以升、高士其、董纯才、温济泽、叶至善等老一辈科普大师的优良传统和创作精神，团结全国科普作家和科普工作者，充分发挥人才与智力资源优势，采取科普作家与科学家相结合的途径，努力为全民创作出更多、更好、高水平、无污染的精神食粮。在中国科协领导的支持下，众多科普作家和科学家经过一年多的精心策划，确定编创《当代中国科普精品书系》。

该书系坚持原创，推陈出新，力求反映当代科学发展的最新气息，传播科学知识，提高科学素养，弘扬科学精神和倡导科学道德，具有明显的时代感和人文色彩。书系由13套丛书构成，共120余册，达2 000余万字。内容涵盖自然科学的方方面面，既包括《航天》、《军事科技》、《迈向现代农业》等有关航天、航空、军事、农业等方面的高科技丛书；也有《应对自然灾害》、《紧急救援》、《再难见到的动物》等涉及自然灾害及应急办法、生态平衡及保护措施的丛书；还有《奇妙的大自然》、《山石水土文化》等有关培养读者热爱大自然的系列读本；《读古诗学科学》让你从诗情画意中感受科学的内涵和中华民族文化的博大精深；《科学乐翻天——十万个为什么（创新版）》则以轻松、幽默、赋予情趣的方式，讲述和传播科学知识，倡导科学思维、创新思维，提高少年儿童的综合素质和科学文化素养，引导少年儿童热爱科学，以科学的眼光观察世界；《孩子们脑中的问号》、《科普童话绘本馆》和《科学幻想之窗》，展示了天真活泼的少年一代对科学的渴望和对周围世界的异想天开，是启蒙科学的生动画卷；《老年人十万个怎么办》丛书以科学的思想、方法、精神、知识答疑解难，祝福老年人老有所乐、老有所为、老有所学、老有所养。

科学是奇妙的，科学是美好的，万物皆有道，科学最重要。一个人对社会贡献的大小，很大程度上取决于对科学技术掌握及运用的程度；一个国家、一个民族的先进与落后，很大程度上取决于科学技术的发展程度。科学技术是第一生产力，这是颠扑不破的真理。哪里的科学技术被人们掌握得越广泛、越深入，哪里的经济、社会就发展得越快，文明程度就越高。普及和提高，学习与创新，是相辅相成的，没有广袤肥沃的土壤，没有优良的品种，哪有禾苗茁壮成长？哪能培育出参天大树？科学普及是建设创新型国家的基础，是培育创新型人才的摇篮。我希望，我们的《当代中国科普精品书系》就像一片沃土，为滋养勤劳智慧的中华民族、培育聪明奋进的青年一代提供丰富的营养。

刘嘉麒

2011年9月

分卷序

地球是茫茫宇宙中一颗蓝色的星球，是我们人类诞生以来唯一的家园。地球，一方面以其宜人的气候和丰富的资源为人类的繁衍生息提供条件，另一方面又有各种各样频繁发生的自然灾害威胁着人类的生存，制约着人类社会的发展和进步。

自古以来，人类与自然灾害进行着不懈的抗争。在我国，《女娲补天》、《后羿射日》、《精卫填海》、《鲁阳挥戈》、《愚公移山》等古老的寓言故事折射出古人应对干旱、洪水、暴风雨、地震、火山喷发、山崩、滑坡、泥石流等自然灾害的思想和实践。虽然，随着人类社会经济、科技和文明的进展，人类预防和减轻自然灾害的能力得到增强，防灾减灾的效果也在提高，但是，总体上看人类在大自然面前还是渺小的，自然灾害依然是地球人生死存亡所面临的重大威胁，也是人类文明进步的严重制约。

数千年来，特别是近数十年来人类与自然灾害周旋的经历和经验告诉我们，依靠科技进步、依靠灾害管理以及依靠公众参与是能否取得预防和减轻自然灾害的三个关键环节，而科技进步则是其中的核心，因为灾害的管理和公众的参与都需要以科技为基础。人们必须了解灾害的成因、特点和后果，才有可能找到预防和减轻灾害的途径。

作为《当代中国科普精品书系》的组成部分，本系列《应对自然灾害》包含了《当大地发怒的时候》、《地球大气中的涡旋》、《山崩地裂》、《水多水少话祸福》和《地球气候的变迁：过去、现在与未来》5册，分别讲述有关地震和火山喷发、热带气旋（如台风）、地质灾害（崩塌、滑坡、泥石流）、洪涝与干旱灾害以及全球气候变化等方面的科学内容。编者希望通过这些小册子向读者传递相关的知识，增强读者的防灾减灾意识，提高社会的防灾减灾能力。

灾害是可怕的，严重的灾害可能让我们在转瞬间遭遇灭顶之灾，使我们费尽九牛二虎之力积累起来的财富顷刻间付诸东流；但是，灾害又不可怕，因为今天人类掌握的科学技术和社会经济力量可以帮助我们有效地预防和减轻灾害，真正可怕的是对于潜在的灾害缺乏防范意识，对如何应对灾害缺少必要的知识。无灾时高枕无忧，优哉游哉；遭遇灾害时惊恐万状，茫然不知所措，这才是最要命的！

但愿这些科普小册子在提高读者科学素质的同时，还教会人们防灾减灾的知识，确保个人平安、家庭平安、社会平安！

何永年

2011年11月

前言

PREFACE

水是人类赖以生存和发展的宝贵资源，为经济社会的发展、生态环境的维持以及文化的产生提供了条件。水多和水少时可分别引发洪涝与干旱灾害。洪涝和干旱灾害是我国危害最大、影响最广、损失最重的自然灾害之一，严重时还会威胁人类的安全。近年来，随着气候变化及气候异常的加剧，我国水旱灾害日益突出。但是，由于防范水旱灾害的科学知识普及有限，人们往往对灾害缺乏了解甚至忽视，认为自然灾害与个人无关。为增强人们对水的认识和对水旱灾害的重视、加强防灾减灾教育、提高应对水旱灾害的能力，特编写本书。

本书共分为三篇，从不同角度介绍人类与水的关系，深入分析了洪涝和干旱灾害的基本概念和理论，收集了大量古今中外的水旱灾害事件及抗灾减灾实例，对水旱灾害领域所涉及的概念原理、灾害影响损失、减灾措施、灾害案例、生活中的避险减灾方法等内容，以知识点的形式，做了深刻而生动的阐述。

希望读者阅读本书后，可以获得关于洪涝和干旱灾害的知识，能够正确应对灾害。在本书的编写过程中，难免存在一些疏漏与不足之处，欢迎读者提出宝贵建议和意见。

吕　娟

中国水利水电科学研究院

2012年1月

CONTENTS

目录

第一篇　水是生命之源

第二篇　洪涝灾害

第五章　洪涝灾害的应对措施 ······ 48

第六章　国外的防洪减灾措施 ······ 63

第三篇　干旱灾害

第一篇
水是生命之源

水是生命之源，地球上最早的生命就是从水中产生的，没有水就没有生命。人类在生活中时时刻刻离不开水，人体重的 60% ~ 70% 都是水。我们生活的地球上，有大量的水做着永不停息的循环运动，使人类获得赖以生存的淡水资源。人类的祖先很早就认识到水的重要，他们择水而居，水孕育、滋养了辉煌的古代文明。黄河孕育了中华文明，古埃及人在尼罗河畔留下了金字塔，古印度在恒河边修建了泰姬陵。而另一方面，凶猛的水旱灾害也给人类带来了难以遗忘的伤痛记忆。人类在生存过程中，经历了敬畏水、征服水、与水和谐共处等几个阶段。

第一章 水与自然

我们生活的地球是一个水球，因为地球71%的表面积被水覆盖着。从天空到地下，从陆地到海洋，到处都是水的世界。

1 蓝色星球

地球拥有的水量非常巨大，总量为13.86亿立方千米。其中，96.54%在海洋里；1.76%在冰川、冻土、雪盖中，以固体状态存在；1.7%在地下；余下的分散在湖泊、江河、大气和生物体中（彩图1）。

地球上的水，尽管数量巨大，但能直接被人们生产和生活利用的，却少得可怜。首先，海水又咸又苦，不能饮用，不能浇地，也难以用于工业。其次，淡水只占总水量的2.53%左右，而淡水中的绝大部分（占99%）被冻结在远离人类的南北两极和冻土中，无法利用。只有不到1%的淡水散布在湖泊、江河和地下水中。与全世界总水量比较起来，淡水量真是九牛一毛。

水作为大自然赋予人类的宝贵财富，早就被人们关注。但是人们频繁使用"水资源"一词，却是近一二十年的事。关于水资源的含义，有几十种之多，较普遍的说法是"可以供人们开发利用、逐年可以恢复的淡水资源"。也就是说，淡水并不一定都是水资源，只有在一定条件下才能成为水资源。例如，千年难融的冰川、不易取用的一部分地下水就不算在内。

2 地球上的水循环

地球上的水以液态、固态和气态的形式分布于海洋、陆地、大气和生物机体中，这些水体构成了地球的水圈。水圈中的各种水体通过不断蒸发、水汽输送、凝结、降落、下渗、地面和地下径流的往复循环过程，称为水循环（图 1–1），又称水文循环。

图 1–1 水循环示意图

（图片来源：http://www.tlsh.tp.edu.tw/ ~ t127/yang5/tai05.html）

按水文循环的规模与过程，可分为大循环和小循环。从海洋蒸发的水汽，被气流输送到大陆形成降水，其中一部分以地面和地下径流的形式从河流汇入海洋，另一部分重新蒸发返回大气，这种海陆间的水分交换过程，称为大循环或外循环。海洋上蒸发的水汽在海洋上空凝结后，以降水的形式落到海洋里，或陆地上的水经蒸发凝结又降落到陆地上，这种局部的水文循环称为小循环，前者称为海洋小循环，后者称为内陆小循环。

3 地球上的水资源

水资源主要包括与人类社会和生态环境保护密切相关的、能不断更新的地表水和地下水，其补给来源主要为大气降水。淡水资源总量少，能真正有效利用的更少。从整个水圈看，地表71%的面积被海洋水、地下水、河流水、湖泊水、冰川水及大气水和生物水等多种形式的水所覆盖，共计约13.86亿立方千米。其中，淡水资源储量少，仅有0.35亿立方千米，占总储量的2.53%，其中还包括目前难以利用的南北两极的固体冰川和埋藏深度较大的深层地下水及永久冻土的底冰，这些水占淡水总储量的68.7%，而真正容易利用的水仅占淡水总量的0.3%。

地球上的淡水资源分布不均，地区差异大。一般来说，降水多、水循环活跃的地区，水资源丰富；降水少、水循环不活跃的地区，水资源贫乏。人口多的地区人均水资源量少，人口少的地区人均水资源量多。据统计，目前世界60%的国家和地区供水不足，许多国家闹水荒，干旱地区用水极其紧张。同时，径流量分布不均（径流量 = 降水量 – 蒸发量），人均占有量各洲不同。从全球有人类长期居住的六个大洲（亚洲、欧洲、非洲、北美洲、南美洲、大洋洲）来看，亚洲的年径流总量最多，但是由于人口密集，人均占有径流量却是最少，不足世界平均水平的60%，比非洲还少近2 000立方米。大洋洲的情况和亚洲刚好相反，虽然年径流量最少，但人均占有量却在各大洲中排名第一，是全球平均水平的10倍左右。可见，水资源的丰富程度是一个相对概念。

4 我国的主要河流

我国的河流主要分布于东部，西北地区降水稀少，大河不多。流域面积大于100平方千米的河流有50 000多条，流域面积在1 000平方千米以上的河流有1 500多条水系分布图见图1–2。最主要的七大河流是长江、黄河、淮河、海河、珠江、松花江以及辽河。

（1）长江　长江，亚洲第一长河，发源于青藏高原唐古拉山的主峰格拉丹冬雪山，干流流经青海、西藏、四川、云南、重庆、湖北、湖南、江西、安徽、江苏和上海等11个省（自治区、直辖市），于崇明岛以东注入东海，全长6 397千米。长江是世界第三长河，仅次于非洲的尼罗河与南美洲的亚马

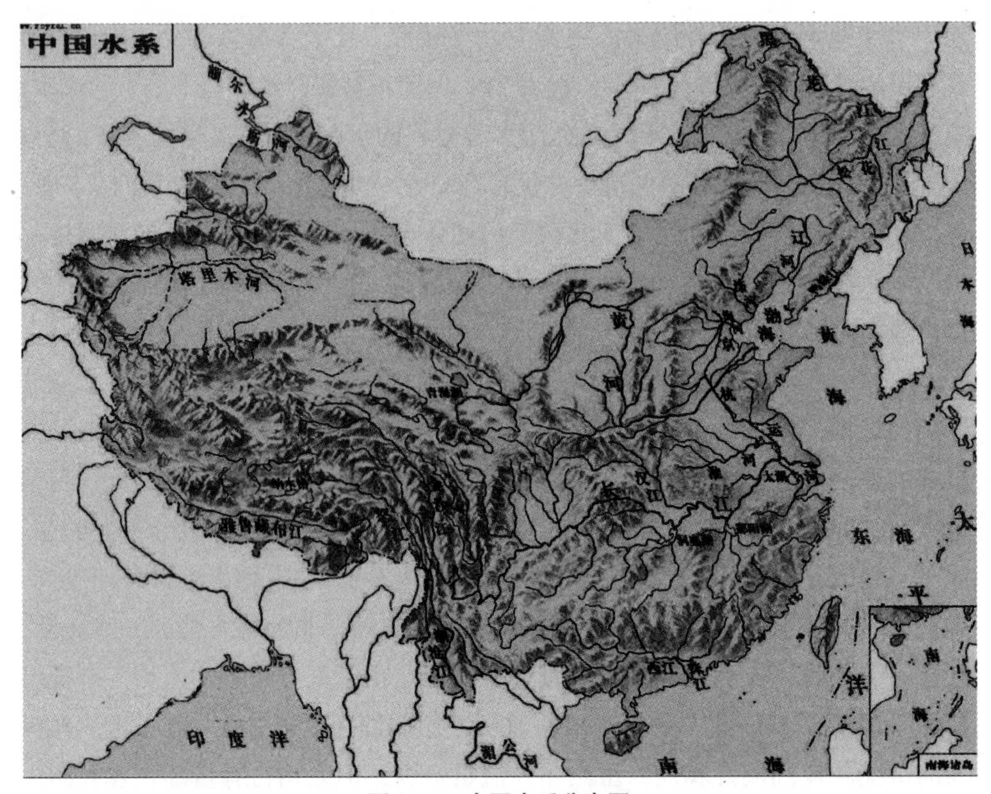

图 1-2　中国水系分布图

（图片来源：http://www.9 tour.cn/maps/detail_3_25647_3.html）

孙河，水量也是世界第三。总面积 180.85 万平方千米，约占全国土地总面积的五分之一，和黄河一起并称为我国的“母亲河”。

（2）黄河　黄河是中国第二长河，世界第五长河，世界上含沙量最多的河流。黄河是中国的母亲河，若把我们祖国比作昂首挺立的雄鸡，黄河便是雄鸡心脏的动脉，它见证了中国的伟大发展。黄河发源于青藏高原巴颜喀拉山北麓，流经青海、四川、甘肃、宁夏、内蒙古、山西、陕西、河南、山东等 9 省（自治区），全长 5 464 千米，从高空俯瞰，它恰似一个巨大的“几”字，在中国北方蜿蜒流动，又极似中华民族独一无二的图腾——龙。黄河流域面积达到 75.24 万平方千米，上千条支流与溪川相连，犹如无数毛细血管，源源不断地为祖国大地输送着活力与生机。

（3）淮河　淮河是中国长江和黄河之间的大河，与秦岭一同是我国南北方的分界线。洪泽湖以下为淮河下游，水分三路下洩。主流通过三河闸，出三河，经宝应湖、高邮湖在三江营入长江，是为入江水道，至此全长约 1 000 千米，流域面积 18.7 万平方千米；另一路在洪泽湖东岸出高良涧闸，经苏北灌溉总渠在扁担港入黄海。

（4）海河　海河是中国华北地区流入渤海诸河的总称，亦称海滦河水系，是中国华北地区主要的大河之一。由北运河、永定河、大清河、子牙河、南运河五条河流组成，自北、西、南三面汇流至天津后，东流到大沽口入渤海，故又称沽河。其干流自金钢桥以下长 73 千米，河道狭窄多弯。海河流域东临渤海，南界黄河，西起太行山，北倚内蒙古高原南缘，地跨北京、天津、河北、山西、山东、河南、辽宁、内蒙古八省（自治区、直辖市）。流域面积为 31.78 万平方千米。

（5）珠江　珠江，或叫珠江河，旧称粤江，是中国境内第三长河流，按年流量为中国第二大河流，全长 2 400 千米。原指广州到入海口的一段河道，后来逐渐成为西江、北江、东江和珠江三角洲诸河的总称。其干流西江发源于云南省东北部沾益县的马雄山，干流流经云南、贵州、广西、广东等四省（自治区）及香港、澳门特别行政区。在广东三水与北江汇合，从珠江三角洲地区的 8 个入海口流入南海。北江和东江水系全部在广东境内。珠江流域在中国境内面积为 44.21 万平方千米，另有 1.1 万余平方千米在越南境内。

（6）松花江　松花江在女真语（满语）里是“松啊察里乌拉”，汉译“天河”。古代它是东北直至鞑靼海峡的巨大河流名称（混同江），建国后改为黑龙江支流，现为黑龙江在中国境内的最大支流。由头道江、二道江、辉发河、饮马河、嫩江、牡丹江等大小数十条河流汇合而成。发源于中朝交界的长白山天池，流向西北，在扶余县三岔河附近与嫩江汇合，后折向东流，称松花江干流。在同江附近汇入黑龙江。全长 1 927 千米，流域面积约 55.0 万平方千米，跨越辽宁、吉林、黑龙江和内蒙古等 4 省（自治区）。

（7）辽河　辽河是中国东北地区南部的最大河流，是中国七大河流之一，是辽宁人民的“母亲河”。它发源于河北平泉县，流经河北、内蒙古、吉林和辽宁等 4 个省（自治区），在辽宁盘山县注入渤海。全长 1 430 千米，流域面积 22.9 万平方千米，是中华民族和中华文明的发源地之一。辽河全流域由两个水系组成：一为东、西辽河，于福德店汇流后为辽河干流，经双台子河由盘山入海，干流长516千米；另一为浑河、太子河于三岔河汇合后经大辽河由营口入海，大辽河长94千米。

5 我国的主要湖泊

我国的湖泊较多地分布在西部，水面面积在1平方千米以上的常年有水的湖泊约2 300个，水面面积在1 000平方千米以上的大湖有12个，青藏高原上的湖泊水面面积占全国一半以上，多为咸水湖。我中的湖泊分布图见彩图2。

（1）鄱阳湖　鄱阳湖是中国第一大淡水湖，也是中国第二大湖，仅次于青海湖。位于江西省北部、长江南岸，跨南昌、新建、进贤、余干、波阳、都昌、湖口、九江、星子、德安和永修等市（县）。鄱阳湖古称彭蠡泽、彭泽、彭湖或彭蠡，汇集赣江、修水、鄱江（饶河）、信江、抚江等河流经湖口注入长江。湖盆由地壳陷落、不断淤积而成。形似葫芦，南北长110千米，东西宽50 ~ 70千米，北部狭窄仅5 ~ 15千米。通常以都昌和吴城间的松门山为界，将鄱阳湖分为南北（或东西）两湖。松门山西北为北湖，或称西鄱湖，湖面狭窄，实为一狭长通江港道。松门山东南为南湖，或称东鄱湖，湖面辽阔，是湖区主体。平水位时湖面高于长江水面，湖水向北流入长江。

（2）洞庭湖　洞庭湖位于湖南省北部，长江荆江河段以南，是中国第三大湖，仅次于青海湖、鄱阳湖，也是中国第二大淡水湖，原为古云梦大泽的一部分。洞庭湖南面有湘水、资水、沅江、澧水四水汇入，北面与长江相连，通过松滋、太平、藕池、调弦（1958年已封堵）"四口"引长江水，湖水由东面的城陵矶附近注入长江，为长江最重要的调蓄湖泊，由于泥沙淤塞、围垦造田，洞庭湖现已分割为东洞庭湖、南洞庭湖、目平湖和七里湖等几部分。洞庭湖衔远山，吞长江，浩浩荡荡，横无际涯，气象万千，素以宏伟、富饶、美丽著称于世。

（3）太湖　太湖位于江苏和浙江两省交界处，是我国第三大淡水湖，是中国东部近海地区最大的湖泊。古称震泽、具区、笠泽、五湖。整个太湖水系共有大小湖泊180多个，连同进出湖泊的大小河道组成一个密如蛛网的水系。对航运、灌溉和调节河湖水位都十分有利。江南运河是京杭大运河的组成部分，它自镇江谏壁口引长江水南流，穿过太湖水系众多的河流和湖荡，吞吐江湖，调节水量，成为这个水网的重要干流。湖中现存岛屿40多个，以西洞庭山最大。东岸、北岸有洞庭东山、灵岩山、惠山、马迹山等低丘。

（4）洪泽湖　洪泽湖位于江苏省洪泽县西部淮河下游，是中国第四大淡水湖，也是我国最大的“悬湖”。原为浅水小湖群，古称富陵湖，两汉以后称破釜塘，隋称洪泽浦，唐始名洪泽湖。1128年以后，由于洪水泛滥导致黄河改道，向南经泗水在淮阴以下夺淮河入海水道，淮河只能在盱眙以东聚水，原来的小湖扩大为洪泽湖。湖水主要经由三河泄入高邮湖，再经邵伯湖入里运河，到三江营入长江，为入江水道。旧时排水不畅，大堤失修，水患严重。1949年以后新建规模宏大的三河闸，整修入江水道，加固了洪泽湖大堤。

（5）青海湖　青海湖又名“库库淖尔”，即蒙语“青色的海”之意。它位于青海省东北部的青海湖盆地内，既是我国最大的内陆湖泊，也是我国最大的咸水湖。由祁连山的大通山、日月山与青海南山之间的断层陷落形成。它长105千米，宽63千米，周长360千米，面积达4 583平方千米，比最大的淡水湖鄱阳湖，要大近459.76平方千米。最深处达38米，湖面海拔3 196米。青海湖湖水来源主要依赖地表径流和湖面降水补给。入湖的河流有40余条，主要有布哈河、巴戈乌兰河、侧淌河等，其中以西北部布哈河最大。

（6）博斯腾湖　博斯腾湖又称巴格拉什湖古称“西海”，唐谓“鱼海”，清代中期定名为博斯腾湖，位于焉耆盆地东南面博湖县境内，略呈三角形，是中国最大的内陆淡水吞吐湖。维吾尔语意为“绿洲”，蒙古语意为“站立”，因三道湖心山屹立于湖中而得名。博斯腾湖面积1 019平方千米。大湖水域辽阔，烟波浩渺，天水一色，被誉为沙漠瀚海中的一颗明珠。小湖区，苇翠荷香，曲径邃深，被誉为“世外桃源”。博斯腾湖还是我国天鹅最多的地方，故誉称天鹅湖。与位于藏北高原东北青海湖的鸟岛、齐齐哈尔的扎龙丹顶鹤自然保护区一起，并列为我国三大水禽自然保护区。

（7）纳木错　“纳木错”为藏语，蒙古语名称为“腾格里海”，两种名称都是“天湖”之意。纳木错是中国第二大咸水湖。它位于西藏中部，湖面海拔4 718米，湖的形状近似长方形，东西长70多千米，南北宽30多千米，面积 1 920 多平方千米。湖水最大深度 33 米，蓄水量 768 亿立方米，是我国也是世界上海拔最高的大咸水湖。湖泊形成和发育受地质构造控制，是第三极喜马拉雅运动凹陷而成，为断陷构造湖，并具冰川作用的痕迹。

小结

在这一章里，我们了解到我们居住的地球表面被大面积的固态、液态和气态三种不同形态的水覆盖着，远看更像个蓝色的水球。这些水构成了地球四大圈层之一的“水圈”，水就在“圈”里通过蒸发、运移、降水等作用进行着永不停歇的循环。地球上的淡水资源十分有限，而且时空分布不均，地区差异大，其中以亚洲尤甚。在我国境内陆地表面，淡水资源主要分布在大江大河大湖中。一些有名的江河湖泊都在第一章中做了简单的介绍，它们给人类的生存和发展提供了必不可少的水资源，在下一章里，我们将看到人与水有什么关系，两者的共存经历了怎样的历史。

第二章 水与人类社会

我们赖以生存的地球，陆地面积仅占地球表面的29%，而海洋面积占了71%，如果将海水均匀地铺盖在地球表面，就会形成一个厚度为2 700米的水圈，如此说来，我们的星球似乎更应该叫做“水球”。

从地球上生命的起源到人类社会的形成，从生产力低下的原始社会到科学技术发达的现代社会，人与水结下了不解之缘。水既是人类生存的基本条件，又是社会生产必不可少的物质资源。没有水，就没有人类的今天。

1 水与生命

水是生命之源。生命的起源一直是科学家们研究的热点课题，从现在的研究成果看，普遍认为生命起源于海洋。假如几十亿年前地球上没有水，那么地球上的生命就无法产生和繁衍。

水不仅是生命存在的最基本条件，而且是生命结构的基本构成。例如，构成我们身体的组成部分中，水占到61.5%，也就是说，体重的近2/3为水，婴儿的体重则有8成左右由水组成。就生理来说，人体各部组织，也大都由水来支持，就连骨骼中含水量都达22%。人体的新陈代谢活动，也是通过水的吸收、运输、利用和散失过程来实现的。据生理学研究，一般人不吃食物，大约可存活4周，甚至两个半月，但如果滴水不进，在常温下只能忍受3天左右，若在夏季，能支撑的时间更短。可以说，人体是由水形成的，生命活动是以水为中心而进行的，一旦没有了水，生命也就随之结束。

2 水与人类文明

自古，人类就择水而居，人类历史中最重要的事件都发生在河流的两岸。埃塞俄比亚阿瓦什河有最早的人类祖先的遗迹；公元前3000年，幼发拉底河与底格里斯河促进了古巴比伦王国的兴盛；尼罗河孕育了古埃及的文明；恒河诞生了古印度的繁荣；而黄河与长江则是中华民族的发源地。人类历史上的另一次转折，即最初的工业化工厂，也是在英国北部的河流两岸建立。

无论是古代还是现代，凡是有城市和区域经济中心的地方，必是有水的地方。陕西省会西安市，古有“八水绕长安”的美称；山东省会济南市由于泉眼众多，被称为“泉城”；“天津”这个名称为明朝皇帝朱棣于永乐初年所赐，意为天子渡河，也就是皇帝过河的地方。全世界的大海港城市，比如纽约、香港、新加坡、上海，还有深圳，无疑都是由于水才兴起和发展起来的。

3 水与经济

水是生命之源，是孕育万物和人类文明的基础，是基础性的自然资源和经济资源，也是不可替代的稀缺性战略资源，还是生态与环境的控制性要素。以水资源的可持续利用保障经济社会的可持续发展，是当今世界各国的共同使命。

中国几千年农业社会发展的历史证明：“收多收少在于肥，有收无收在于水”；有水就有粮，有水就有油矿，有水就有生机。在中国西部的戈壁荒漠，有水才有绿洲。所以建国以后我国大力开展农田水利基本建设，推动了农业的发展。在中国的工业化和城市化兴起以后，水不再仅仅是农业的命脉，而且是工业和城市发展的命脉，被誉为工业的“血液”。世界上几乎没有一座城市和文明的发源地不是沿河湖水域而发展起来的。

4. 水与生态环境

水生态环境是人类赖以生存的重要环境。水是人类生存环境中最重要的物质与能量基础，有了水，才有了各种生物的新陈代谢，才有了人类的繁衍生息。人类生活的区域环境，基本上都属于水生态环境，水生态环境的状况直接影响着人类生存的条件和质量。水的供给，从人类的饮水、农业灌溉用水、工业和城市用水等各个层次影响着人类对资源的开发利用、经济社会发展的规模与水平，而洪涝、干旱、水污染、水生态恶化等直接威胁人类生存和生产活动。

人类活动对水生态环境造成的影响很大。人类对水资源的开发利用不可避免地影响水的时空分配以及运动形态，对水生态环境造成重大影响，进而影响土地、植物、区域气候等。特别是随着人类社会和经济社会的发展，用水量不断增加，导致生态用水被大量挤占，河道断流，湖泊湿地干涸，生态环境遭到破坏；同时污水排放量也大量增加，水体污染不断加重，水环境恶化呈现加剧的趋势。

5. 水与文化

自生命产生以来，水就是生命之源，在人类的进化、发展史中，水发挥了重要的作用，可以说，没有水就没有生命。水影响了一个国家或民族的历史、地理、风土人情、传统习俗、生活方式、文学艺术、价值观念等。以我国为例，自古就有许多与水有关的文化。水是古代诗人最喜爱的景物之一，他们或借山水寄托思绪，或借山河表达情感；壮族春节的汲新水的习俗和藏族的“抢水比赛”表达了壮族和藏族人民对美好生活的向往和渴望；蒙古族忌讳在河流中洗手、洗脸、沐浴和洗衣服，以表示对水的珍惜和爱护；大禹治水、精卫填海、洛神的传说是祖先对水之神秘感的敬畏。又如，人类在与水斗争、共存过程中，保留下来的铜牛（图 2–1）、水车（图 2–2），都是一种水文化。

图 2-1 颐和园铜牛像
（图片来源：http://images.google.cn）

图 2-2 水车
（图片来源：中华人民共和国水利部，新中国水利 50 年，中国水利水电出版社，1999）

6 人水和谐

人与水的关系大致经历了三个阶段。起初，古代人类由于生产力和科学文化水平低下，对大自然的千变万化茫然无知，故在“洪水猛兽”和干旱灾害面前束手无策。人类为了保护自己，只能是顺应自然，避开洪水和干旱的威胁而转移居住地，以保证不断繁衍和发展。后来，随着社会的进步，生产力水平的提高，人类试图将水控制在自己手中，开始了漫长的与水的“斗争”。在人类“征服”水的过程中，一定程度上违背了自然规律，受到了大自然严厉的“报复”，水环境恶化、地下漏斗、荒漠化等频频出现，很大程度上限制了人类的生活和生产。所以今天，人水关系进入了第三个阶段。这个阶段中，我们倡导的是人与水像朋友一样和谐相处。一方面，水资源和水环境是人类生存和发展的支撑，我们在发展的同时要节约水资源，保护水环境，让水成为可持续的资源；另一方面，人类在面对洪水和干旱灾害的时候，尽最大的努力减轻水旱灾害对生活、生产、生态的影响。

7 水旱灾害与天、地、人

灾害始终伴随着人类社会的发展，与自然、社会、经济之间有着千丝万缕的联系，任何灾害都是自然属性和社会属性的辩证统一。灾害的自然属性是指灾害对客观世界的影响程度，灾害的社会属性是指灾害对人类社会生活，尤其是社会经济活动的影响程度。在漫长的历史进程中，地球系统按照自己固有的规律演化着、发展着，逐步形成了适宜于生物生存的环境条件，产生了各种生物乃至人类。人类的产生和人类社会的发展并不能改变地球的自然进程，地震、火山、洪水、干旱等依然发生，这些都是天然的、正常的自然现象，不以人的意志为转移，具有客观必然性，即灾害的自然属性。随着人类社会的不断发展，改造自然的能力不断提高，灾害的社会属性也越来越显著。作为影响人

战争与洪水

《三国演义》中有一段“水淹七军”的故事，讲的是关公利用洪水，轻而易举地活捉了于禁，取得了战斗的胜利。这个战例充分体现了水与战争的关系，以及在战争中的作用。利用水灾服务于军事战争，称之为“水攻”、“以水伐兵”。如人为的筑坝壅水，然后开口淹灌，或故意决开河堤，以水体为作战工具。

历史上早在春秋时期就有水攻的记载，战国时群雄割据，水攻战例更见增多，还出现了关于防水攻的专门论著，如《墨子 · 备水》等。公元前 359 年，楚国就曾在今河南长垣县决开黄河大堤，借助河水攻淹敌军。

南北朝时期，在淮河上修建的拦淮大坝——浮山堰，是最有名的一个水攻战例，也是一次空前的人为大水灾。当时，北魏和梁为争夺淮河流域的控制权，发生了大规模的战争。北魏首先占据了淮河中游的军事重镇寿阳城（今安徽省寿县），梁武帝派兵攻打。有人建议梁武帝，在今江苏省泗洪县的浮山峡口拦淮筑坝，上游回水抬高，寿阳城将不攻自破。梁武帝采纳了这一建议，并派科学家祖皓（祖冲之的孙子）等人勘查地形。祖皓报告说，这一带地基多为沙土，不能建坝。梁武帝不听劝告，一意孤行，公元 514 年下令开始建坝，动员大批民众施工。在施工过程中坝体曾被水冲垮，人们传说淮河中有蛟龙，要把铁器投入水中驱蛟辟邪。于是，把重达数千万斤的铁锅、锄头等铁器投入水中。经过两年多的施工，公元 516 年拦淮浮山堰终于完工。坝长 4 千米，坝高达 90 多米，有 30 多层楼那么高，成为我国古代最大的一座大坝。为了防止蓄水太多而漫过坝顶，在上游曾开挖了两条溢洪道。但是当年 8 月淮河暴涨，溢洪道泄水不及，大坝溃决。100 多亿立方米的淮河水奔泻而下，声若响雷，100 千米以外都能听到，下游 10 万多百姓死于非命。

类的主要灾害之一，洪水和干旱灾害也具有双重属性，洪水和干旱是自然的客观现象，而洪水和干旱灾害的形成又受到人类活动的影响。洪水和干旱灾害自

城上城

在江苏省徐州市城下五六百米深处，埋藏着一座相当完整的古城，这便是明朝时期的徐州城，并且在这座古城下，还曾挖掘出更早的古代城市。徐州成为名副其实的城上城，这是怎么回事呢？徐州城上城又是怎么形成的呢？

原来，从南宋建炎二年（1128 年）至清咸丰五年（1855 年），黄河下游并不是流行在今天黄河下游河道上，而是由河南省兰考县转向东南，经河南省、安徽省、苏北一带注入黄海，徐州城位于黄河岸边，凌空的“悬河”从徐州城北门流过，就像一个大水槽架在徐州城的上空。到了明清时期，黄河经常决口泛滥。每当黄河在徐州上游一带决口后，徐州城往往会被洪水淹没。明朝万历十八年（1590 年），黄河在徐州附近决开一条很大的口子，大量的黄河水灌入徐州城，大街小巷的积水一年多才干涸。黄河水挟带的泥沙很多，大量的泥沙就淤积在城内，明代的徐州城就这样经过多次洪水淹没，泥沙不断沉积而被埋没了，新的徐州城又在原来基础上建立起来。直到 1855 年，黄河大改道后才顺着如今的河道下泄入海。

河南省的开封市也是一座城上城，更为奇特的是开封城下有三座不同时期的开封城，形成四城垂直重叠。

开封位于黄河南岸，最早建城于北宋，是北宋王朝的首都汴京，当时是相当繁荣的。到了南宋建炎二年（1128 年）黄河改道向南，夺了淮河河道，东入黄海。黄河屡屡向南决口泛滥，正如徐州城一样，开封城也被水冲沙淤，地面逐渐抬高。到明代初年，当时的开封城已被泥沙淤积 3 米左右。明洪武九年（1376 年）遂在宋朝汴京城的基础上重新修建了明代的开封城。但是由于黄河的决口威胁仍未解除，仅在明朝，就有三次黄河洪水冲入开封城，城内泥沙又淤积近 3 米。到了清代康熙元年（1662 年）又在明代原址上重建开封城。但是好景不长，180 年后，道光二十一年（1841 年）黄河再次决口，大水淹没开封城达 8 个月之久，水退后淤沙达 2.2 米，洪水过后，又在原城上建了一座开封城，直到今日。于是就形成了四座开封城垂直重叠的景观。

除了徐州、开封以外，河南省中牟、商丘也是城上城。此外，还有桥上桥、坟上坟的特殊景观，这都是由于黄河决口、泥沙淤积的原因。可见，黄河水灾除洪水造成的危害外，还有泥沙淤积造成的危害，这是不同于其他大江大河水灾的特别之处。

然属性和社会属性彼此区分，但又是不可割裂的，它们之间相互渗透、彼此加强，缺一不可。

铜牛的故事

在颐和园的昆明湖畔、十七孔桥头，有一头铜牛（图 2-1）昂首而卧，栩栩如生。这尊铜牛是于乾隆二十年（1755 年）铸造的。清朝的乾隆皇帝一生好大喜功，他命人铸造镀金铜牛，一方面是为了彰显大清王朝的繁荣强盛，另一方面与古人治水的传说也有莫大关系。

相传，大禹治水的时候，每治好一处水患，便会铸造一头铁牛沉入河底，他认为牛识水性，这样做可以防治河水泛滥。到了唐代人们不再把铁牛投入河中，而是把牛放置在河岸边。因此，乾隆帝仿盛唐而自比尧舜禹，袭古人而又标新立异，沿用大禹治水的传说，仿唐朝铁牛上岸的做法，把铜牛放置在昆明湖岸边。

且不论铜牛治水的神话色彩，从科学的角度来看，颐和园的这座铜牛像，确实能起到考查昆明湖水位的作用。据史料记载，在清朝乾隆年间，昆明湖的东堤，比故宫的地基高约 10 米。当时，每遇到大雨之年，昆明湖一带便成水患之地。为了防止昆明湖东堤决口，殃及紫禁城，在此放置铜牛，可以观察湖水水位，随时知道水位比皇宫的城墙高多少，以便加强防护，使皇宫免遭洪水之灾。

小结

本章讲述了人与水的关系，水为社会经济的发展、生态环境的维持以及文化的产生提供了条件。人类发展的历史，同时伴随着人水关系的变化，从起先的人类害怕水、依赖水，到征服水，再到人水和谐共处。水带来了文明，也带来了灾难和战争。

第二篇 洪涝灾害

水多的时候就会发生洪涝灾害。洪水具有利害两重性，在带给我们灾难的同时，也会带来巨大的效益，随着人类文明的发展，治水的理念逐渐从人水争地转变到了人水和谐，从与洪水抗争到学着与洪水相处。本篇我们主要从洪涝的基本概念、历史上国内外发生的洪涝灾害、国内外洪涝灾害的应对措施以及洪涝灾害来临时我们应该怎么办等几个方面对洪涝灾害进行简要的阐述。

第三章 洪涝概述

我国是一个洪涝灾害频发的国家，每年都会有不同程度的洪涝灾害发生。在雨季里，大范围暴雨频繁，往往造成洼地积水，山洪暴发，江河水位陡涨，甚至河堤决口，水库垮坝，公路、铁路、水渠、桥梁被冲毁，农田受淹，给国民经济和人民生命财产造成重大损失。

1 洪与涝的区别是什么

洪涝实际上包括“洪”和“涝”两种形式。“洪”是指大雨、暴雨引起的水道急流、山洪暴发、河水泛滥等现象。“涝”是指因长期大雨或暴雨产生的大量积水和径流淹没低洼地区造成渍水或内涝的现象。由于洪和涝往往同时发生，有时难以区别，所以常统称为洪涝。而洪涝又常与降雨密不可分，故又常称为雨涝。

洪水具有巨大的破坏力，可以直接摧毁建筑物和各类设施，造成人员伤亡和财产损失。涝灾的危害则主要是对农业生产的影响，由于地面径流不能及时排除，农田积水超过作物耐淹能力，积水深度过大、时间过长，使土壤中的空气相继排出，造成作物根部氧气供应不足、呼吸困难，并产生乙醇等有毒有害物质，影响作物的生长，甚至造成作物死亡。

2 什么叫汛期

汛的含义是指定期涨水，即由于降雨、融雪、融冰，使江河水域在一定的季节或周期性的涨水现象。汛常以出现的季节或形成的原因命名，如春汛、伏汛、潮汛等。春汛（或桃花汛）是春季江河流域内降雨、冰雪融化汇流形成的涨水现象；伏天或秋天由于降雨汇流形成的江河水位上涨，称伏汛或秋汛；沿江滨海地区海水周期性上涨，称潮汛。

汛期是指由于流域内季节性降水、融冰、化雪，引起江河定时性水位上涨的时期。汛期往往是一年中降水量最大的时期，容易引起洪涝灾害。我国汛期主要是由于夏季暴雨和秋季连绵阴雨造成的。从全国来讲，汛期的起止时间不一样，主要由各地区的气候和降水情况决定。南方入汛时间较早，结束时间较晚；北方入汛时间较晚，结束时间较早。一般说来，各流域的主汛期多集中在“七下八上”，即每年七月的中、下旬和八月的上、中旬。

3 我国洪涝多发的主要因素有哪些

由于所处的地理位置、特有的地形条件（彩图 3）以及季风气候的影响，我国的降雨时空分布很不均衡。全国除沙漠和极端干旱区、高寒山区外，大部分地区均会遭受不同程度的洪涝灾害。从气候条件来看，我国地处亚欧大陆东侧，跨高、中、低三个纬度区，是典型的东亚季风气候，致使全年降水量的季节分布和地区分布有很大差异（彩图 4）。此外，我国从青藏高原向东呈阶梯状向太平洋倾斜的地貌特点，进一步加剧了气候的地区差异，加剧了降水的不均匀性。我国大陆从东南沿海到西北内陆，年降水量从 1 600 毫米递减到不足 200 毫米，多寡悬殊。全年降水量大部分集中在夏季湿润高温时期，且多以暴雨形式出现。每年 6 ~ 9 月的雨量占年降水量的 60% ~ 80%，黄河中下游地区、海河、辽河流域，大部分降雨集中在七八两个月，而且又往往集中在几次暴雨过程中。短时间集中性的降雨，来不及下泄入海，使江河湖泊水位猛涨，形成洪涝。在滨海及河流入海口地区，还受到风暴潮、海啸以及上游洪水的威胁。河流上游山丘区则会暴发山洪、泥石流、滑坡等山涝灾害。在江河中下游平原和湖泊地区，很多地势较低，往往同时受到当地雨水和江河洪水的双重威胁。

4. 我国主要江河流域有哪些　其洪涝灾害成因是什么

我国的主要江河流域包括长江流域、黄河流域、淮河流域、海河流域、珠江流域、松花江流域、辽河流域和太湖流域。各流域及其洪涝灾害特点如下：

（1）长江流域　长江流域的洪水主要由暴雨形成，洪水出现时间在5～10月间，七八两月最为集中，一般中下游早于上游，南岸支流早于北岸支流。在正常年份，干流洪峰可以先后错开，不致酿成大灾。如果各支流洪水出现的时间比正常情况提前或推后，上下游、南北岸各支流洪水在干流遭遇重叠，就可能形成范围广、历时长的全流域性特大洪水。

（2）黄河流域　黄河流域成灾洪水主要由暴雨和冰凌形成。暴雨洪水发生在七八两月的称“伏汛”，发生在九十两月的称“秋汛”。每年2～3月，上游宁蒙河段和下游山东河段发生冰凌洪水，称“凌汛”；宁蒙冰凌洪水流至下游，称“桃汛”。黄河以泥沙多而闻名于世，黄河下游多年平均输沙量为16亿吨，其中1/4淤积在河道水库中，河床平均每年淤高约5～10厘米，使得堤顶高出背河地面7～10米，成为世界上有名的“悬河”。

黄河洪涝灾害是由黄河洪水、泥沙特点所决定的，也是黄河历史演变的结果。据历史文献记载，黄河自公元前602年～公元1938年的2 540年中，决口泛滥的年份有543年，决溢次数达1 590余次，重要改道26次，曾经有7次大的河道迁徙，对黄淮平原水系、地貌的变化产生了极大的影响。

（3）淮河流域　淮河流域山地丘陵面积占1/3，平原占2/3。1128年黄河夺淮以前，淮河是一个统一的水系。那时，淮河水系河槽既低且深，河道排水通畅，洪涝灾害较轻。1128～1855年黄河向南改道，夺淮入海，遂将淮河水系分为淮河与沂沭泗水两个水系。黄河决口泛滥，使淮北各支流及淮河干流的下游不断淤积抬高，泄水不畅，中游形成一些湖泊洼地，洪涝灾害不断加重。1855年黄河北徙后，防洪困难形势遗留了下来，加上地处我国南北气候过渡带，降雨很不稳定。

淮河全流域性的大洪水，一般由梅雨形成，局部地区的大洪水往往由台风、暴雨形成。淮河流域6～8月为汛期，7月份出现大洪水的机会最多。由于黄河夺淮的结果，形成了洪泽湖和中游一系列湖泊洼地，坡陡流急；中游河道特别平缓，洪水来量集中，泄水缓慢；下游洪泽湖形成“悬湖”，对广大平原地区造成威胁。

（4）海河流域　海河流域包括漳卫河、子牙河、大清河、永定河、潮白河、蓟运河等水系，此外还包括直接入海的徒骇河、马颊河、黑龙港和运东等平原排水河道。全流域山地丘陵区占总面积的54%，平原占46%。海河流域人口稠密，是我国政治、经济、文化中心地区之一，也是我国暴雨频繁、暴雨强度和年际变化最大的地区之一。海河各水系呈扇形分布，各支流的上游都位于暴雨最为集中的燕山和太行山区，洪水集流快，峰高量大。历史上平原河道长期受黄河的袭扰破坏，受南北大运河的束缚限制，水系紊乱，洼淀淤塞堙废，河道泄洪能力上游大、下游小，洪水涝水缺乏足够的出路，经常决口泛滥，虽然各河系在平原地区形成许多湖泊洼淀滞蓄洪水，但仍造成洪涝灾害。

（5）珠江流域　珠江流域面积45.37万平方千米，山地占94.4%，平原占5.6%。全流域由西江、北江、东江和珠江三角洲诸河等四个子流域组成。珠江三角洲是我国工农业发展水平很高的地区，是重要的外向型经济发展区，也是洪涝灾害最集中、最严重的地区。

珠江流域的洪水主要由暴雨形成，4～7月为前汛期，主要是大气环流热带季风影响的结果，8～9月份为后汛期，主要由台风形成。暴雨分布面广，雨量多，强度大，容易形成峰高、量大、历时长的洪水。北江、东江最大洪水常出现在5～7月，一次洪水历时7～15天；西江最大洪水多出现在6～8月，一次洪水历时30～45天。西江洪水是珠江三角洲洪水的主要来源。

（6）松花江流域　松花江是黑龙江流域在中国的最大支流，四周环山，中部为开阔平原，其中山地丘陵占60%，平原占40%。流域洪水主要由暴雨形成。最大洪水多发生在七八月份，4月份还会出现冰凌洪水。暴雨在长白山西侧的浅山丘陵区和大小兴安岭的东南侧台地比较集中和频繁。松花江干支流洪水年际变化都较大。

（7）辽河流域　辽河流域暴雨洪水主要发生在七八月份，辽河下游平原和辽河东侧支流是暴雨中心地区，西北部山区为暴雨低值区。辽河流域洪水特性是峰高、量小、历时短。辽河流域洪水灾害主要发生在辽河干流和浑河、太子河中下游平原地区。

（8）太湖流域　太湖流域位于我国东部长江三角洲，流域面积 36 895 平方千米，涉及江苏省南部、浙江省北部、上海市以及安徽省的部分地区。受季风气候影响，太湖流域年平均降雨量为 1 177 毫米，主要集中在夏季。流域平原面积占 80%，地形呈周边高、中间低的碟形，河道比降平缓，流速很慢，故泄水能力小。每遇暴雨，河湖水位暴涨，加上河网泄水受潮位顶托，泄水不畅，高水位持续时间长，极易酿成洪涝灾害。

5 洪涝灾害对国民经济的影响有哪些

洪涝灾害对经济社会的影响，主要体现在农业、交通运输业、工业等方面。

（1）对农业的影响　严重的暴雨洪水常常造成大面积农田被淹、作物被毁，致使作物减产甚至绝收。1950 ~ 2010 年的 60 年中，全国年均农田受灾面积 9 823 千公顷，成灾 5 446 千公顷，其中 1990 年以来，全国年均农田受灾面积达 13 862 千公顷，成灾 7 678 千公顷，可见近年来洪涝灾害对农业影响有加重的趋势。

（2）对交通运输的影响　铁路是国民经济的动脉，而我国不少铁路干线处于洪水严重威胁之下。在七大江河中下游地区，有京广、京沪、京九、陇海和沪杭甬等重要铁路干线，受洪水威胁的铁路长度超过 10 000 千米。西南、西北地区铁路常受山洪灾害袭击，这些地区的铁路干线为山洪灾害高强度多发区。因洪涝灾害造成铁路中断、停止行车的事故是很严重的，1954 年大洪水中，作为南北大动脉的京广铁路就曾中断运行达 100 天。

中国公路网络里程长，洪涝灾害造成公路运输中断的影响遍及全国城乡各个角落。随着公路建设迅速发展，水毁公路里程也成倍增加，中国所有山区公路都曾不同程度受到山洪灾害的威胁，西部 10 余条国家干线，频繁遭遇泥石流、滑坡灾害。川藏公路沿线大型泥石流沟就有 157 条，每年全线通车时间不足半年。

（3）对城市和工业的影响　城市人口密集，工业产值中约有 80% 集中在城市。中国大中城市基本沿江河分布，受到洪涝灾害的严重威胁，有些依山傍水的城市还可能遭遇山洪灾害。中国 600 多座城市中，90% 有防洪任务。20 世纪 90 年代以来，中国城市化进程显著加快，大量人口涌向城市，城市面积迅速扩张，新扩张的城区往往是洪水风险较高而防洪能力较低的区域。由于城市资产密度高，对供水、供电、供气、交通、通讯等系统的依赖增大，一旦遭受洪水袭击，损失更为惨重。统计数据表明，一些经济较发达的沿海省份，城市与工业的洪涝灾害损失已经占到洪涝灾害总损失的 60% 以上。

目前，我国平均每年因洪涝灾害造成的损失达 1 000 亿元以上。此外，每年都有一些人因洪涝灾害丧生。我国黄河、长江等大江大河中下游地区主要城市与乡镇，多处于洪水位以下，受洪水威胁严重。这一地区有 5 亿人口、5 亿亩耕地，工农业总产值占全国的 60%。1949 年以来长江、淮河、海河发生的几次大洪水，都给国家和人民带来巨大损失。

6 洪水的主要类型有哪些

洪水依照成因的不同，可分为暴雨洪水、山洪、融雪洪水、冰凌洪水和溃坝洪水等几种类型。

（1）暴雨洪水是最常见且威胁最大的洪水。它是由强度较大的降雨形成的，简称雨洪。我国受暴雨洪水威胁的地区至少有 73.8 万平方千米，主要分布在长江、黄河、淮河、海河、珠江、松花江、辽河等七大河流下游和东南沿海地区。

（2）山洪是山区溪沟中发生的暴涨暴落的洪水。由于地面和河床坡降较陡，降雨后产流和汇流都较快，形成急剧涨落的洪峰。所以山洪具有突发、水量集中、破坏力强等特点，容易造成人员伤亡。这种洪水如形成固体径流，则称为泥石流。

（3）融雪洪水是由于气温急剧升高引起冰雪迅速融化而造成的洪水，主要发生在高纬度积雪地区或高山积雪地区。

（4）冰凌洪水主要发生在黄河、松花江等北方江河上。由于某些河段由低纬度流向高纬度，在气温上升、河流开冻时，低纬度的上游河段先行开冻，而高纬度的下游河段仍封冻，上游河水和冰块堆积在下游河床，形成冰坝，容易造成灾害。另外，在河流封冻时也有可能产生冰凌洪水。

（5）溃坝洪水则是由于大坝或其他挡水建筑物发生瞬时溃决，水体突然涌出，从而造成下游地区遭受灾害。溃坝洪水虽然范围不大，但破坏力极强。此外，在山区河流上，发生地震后，有时山体崩滑，阻塞河流，形成堰塞湖。一旦堰塞湖溃决，也会形成类似的洪水。这种堰塞湖溃决形成的地震次生水灾的损失，甚至比地震本身造成的损失还要大。

7. 一场洪水的形成需要多长时间

洪水的形成主要取决于所在流域的气候和下垫面等自然地理条件。对于暴雨洪水来说，影响一场洪水过程长短的因素包括降雨强度、历时、分布、流域形状、土壤、地形地貌和植被以及人类活动的影响等。

一般来说，降雨的强度和历时对径流的产生起到至关重要的作用，降雨强度越大、历时越长，则产生的径流量越大，相应的洪水过程就会越长。而流域的形状则会影响汇流状况，例如，流域形状狭长时，汇流时间长，相应径流过程线较为平缓，而支流呈扇形分布的河流，汇流时间短，相应径流过程线则比较陡峻。另外，小河的面积小，河槽汇流快，河网的调蓄能力低，洪水多为陡涨陡落型，形成一场洪水的时间较短。而大河的流域面积大，不同场次的暴雨在不同支流形成的多次洪峰先后汇集到大河，各支流的洪水过程往往相互叠加，又由于河网、湖泊、水库的调蓄，洪峰的次数减少，而历时则加长，涨落较为平缓。植物覆被（如树木、森林、草地、农作物等）能阻滞地表水流，加大水的下渗，从而延缓了降雨形成径流的过程，使得洪水过程趋于平缓，这种条件下形成洪水的时间就相对较长。流域的土壤和地质

构造对径流下渗具有直接影响。例如，流域土壤岩石透水性强，降水下渗容易，地面径流减少，也会使径流变化趋于平缓。

8 如何监测洪水

洪水监测主要包括雨量监测及河道水位、流量的监测。我国洪水监测工作有着悠久的历史。战国时代李冰在都江堰水利工程上就开始用石人观测水位，秦代规定全国各郡县向朝廷报告雨情，表明当时各地已广泛观测雨量。

简易的洪水监测方法包括以下几种。

（1）降雨量观测　雨量观测可选择20厘米口径的人工观测雨量器和专用量杯，在汛期有雨之日，每日8时观测日降雨量。雨强较大时应分时段观测，如2段制、4段制、8段制、12段制，甚至24段制观测。

（2）水位观测　在有代表性的河道控制断面，设立简易直立式水尺，有固定岸坡或水工建筑物的护坡时可选用倾斜式水尺，并按四等以上水准测量精度要求接测好水尺零点高程。当发生洪水时，适时观测水尺读数，并将水尺读数与水尺零点高程相加得到水位值。

（3）流量监测　可采用下述方法进行估算：在顺直河段，平行于水流流向选取两个断面（两断面间间距记为L），洪水时记下河中漂浮物通过两断面的时间（时段长为t），流量估算公式为：$Q=\mathrm{K}\times A\times L/t$。式中，$Q$为流量（立方米/秒）；K为经验系数，一般在0.6～0.9之间取值；A为过水断面面积（平方米）；L单位为米；t单位为秒。

（4）观察天气　一方面，可以通过电视、广播、收音机、网络等工具，收看收听天气预报；另一方面留意观察天气变化的征兆，如天气闷热，乌云隆起，动物行为反常等，可以预知有强降雨发生，提高应对洪水灾害的警惕性。

随着科技的发展，计算机技术、遥感技术和地面测量等先进技术，被应用到洪水监测工作中来。目前，我国各大流域已经建立了暴雨洪水监测预报系统，有效地延长了暴雨洪水的预见期，提高了对暴雨洪水的监测能力。同时，在流域机构和省（区、市）水情中心的实时水情信息接收与处理系统，能够自动接收各地的水情电报，并将水情电报翻译成各类水情数据并载入实时水情数据库，以便各级防汛部门对实时雨水情进行监视和查询。

9 如何衡量洪水的大小

和世界上任何东西一样，洪水也有大小之分。科学衡量洪水的大小对于防洪调度、管理决策有着重要意义。一般来说，衡量洪水大小有以下两种方法。

（1）习惯上的衡量法　根据历史洪水资料，并考虑堤坝的防洪能力，一般将洪水大致分为大、中、小三种情况。当洪水超过历史纪录时，则又习惯称为历史最大洪水，亦有根据洪水的量级过大，称为特大洪水；也有按江河、湖泊、水库的警戒水位、保证水位（或相应流量）等指标，表示洪水的量级大小。

（2）洪水频率或重现期衡量法　通常用洪水出现的频率（%）或重现期（年）表示，可定量地衡量洪水的大小。出现频率（%）越小，表示某一量级以上的洪水出现机会越少，反之则出现的机会越多。如以洪水的重现期衡量洪水的大小，则更为明确。如某一量级洪水的重现期为100年，则称为100年一遇洪水；重现期为50年，则称为50年一遇洪水；重现期为十年，则称为10年一遇洪水。重现期越长，表示洪水的量级越大，越稀遇；反之，则表示洪水的量级越小，越常见。这种衡量洪水的方法，在水利水电工程规划设计中常常作为工程设计的标准。例如，对沿江河特别重要的城市，防洪工程设计标准按防御大于100年一遇洪水设计，中等城市防洪工程设计标准按防御20 ~ 50年一遇洪水设计。

结合我国的江河防洪能力，对洪水的等级一般划分如下：

重现期在5年以下的洪水，为小洪水；

重现期为5 ~ 20年的洪水，为中等洪水；

重现期为20 ~ 50年的洪水，为大洪水；

重现期超过50年的洪水，为特大洪水。

10 什么是农田涝渍　涝渍的类型及分布如何

农田涝渍主要包括涝和渍两部分。其中，涝是指雨后农田积水，超过农作物耐淹能力而形成的；渍则主要是由于地下水位过高，导致土壤水分经常处于饱水状态，农作物根系活动层水分过多，不利于农作物生长。但涝和渍在多数地区是共存的，有时难以分开，故而统称为涝渍。

涝渍大致可划分为平原坡地、平原洼地、水网圩区、山区谷地、沼泽地等几种，其形成原因与地形、地貌、排水条件等密切相关。

（1）平原坡地型涝渍　大江大河中下游的冲积或洪积平原，地域广阔，地势平坦，虽有排水系统和一定的排水能力，但在较大降雨情况下，往往因坡面漫流或洼地积水而形成灾害，如淮河流域的淮北平原，东北地区的松嫩平原、三江平原与辽河平原，海滦河流域的中下游平原，长江流域的江汉平原等，其余零星分布在黄河及太湖流域。

（2）平原洼地型涝渍　沿江、河、湖、海周边的低洼地区，其地貌特点近似于平原坡地，但因受河、湖或海洋高水位的顶托，丧失自排能力或排水受阻，或排水动力不足而形成灾害，如长江流域的江汉平原；沿湖洼地如洪泽湖上游滨湖地区，自三河闸建成以后由于湖泊蓄水而形成洼地；沿河洼地如海河流域的清南清北地区，处于两侧洪水河道堤防的包围之中。

（3）水网圩区型涝渍　在江河下游三角洲或滨湖冲积、沉积平原，由于人类长期开发而形成水网，水网水位全年或汛期超出耕地地面，因此必须筑圩（垸）防御，并依靠人力或动力排出圩内积水。当排水动力不足或遇超标准降雨时，则形成涝渍灾害，如太湖流域的阳澄淀泖地区，淮河下游的里下河地区，珠江三角洲，长江流域的洞庭湖、鄱阳湖滨湖地区等，均属这一类型。

（4）山区谷地型涝渍　分布在丘陵山区的冲谷地带。其特点是山区谷地地势相对低下，遇大雨或长时间淫雨，土壤含水量大，受周围山丘下坡地侧向地下水的侵入，水流不畅，加之日照短，气温偏低而导致发生涝渍灾害。

（5）沼泽湿地型涝渍　沼泽平原地势平缓，河网稀疏，河槽切割浅，滩地宽阔，排水能力低，雨季潜水往往到达地表，当年雨水第二年方能排尽。在沼泽平原进行大范围垦殖，往往因工程浩大，排水标准低和建筑物未能及时配套而在新开垦土地上发生频繁的涝渍灾害。我国沼泽平原的易涝易渍耕地主要分布在东北地区的三江平原，黄河、淮河、长江流域亦有零星分布。

11 堰塞湖是如何形成的

堰塞湖是由于山崩、泥石流或熔岩堵塞河谷或河床，储水到一定程度形成的湖泊，通常由地震、风灾、火山爆发等自然原因造成。由于堵塞了河道的正常水流，大多数的堰塞湖会于形成后的数天内，不断地由原本的河川注入储水，造成水量不断加大，水位不断升高。而堰塞湖大都是由外来物质（如土石、熔岩等）快速堆积造成的，其结构往往是很不稳定的，这种不牢靠的"堤坝"很容易在巨大的压力下垮掉，导致堰塞湖里面蓄积的大量的水一涌而出，形成巨大的洪水，对下游的人民群众形成灭顶之灾。

1933 年 8 月发生在四川叠溪的大地震，造成山体滑坡后在蜗江内形成了两道天然水坝和四个堰塞湖。这次地震本身只造成 500 余人死亡，可是两个月后堰塞湖溃决，竟导致 2 万多人丧生于洪水中。1941 年 12 月，台湾的一次强烈地震引起山崩，浊水溪东流被堵，上游的溪水滞积起来，在天然堤坝以上形成堰塞湖。我国东北的五大连池也曾因老黑山和火烧山两座火山喷溢的玄武岩熔岩流堵塞了白河，使水流受阻，形成了堰塞湖。2008 年汶川大地震导致出现多处堰塞湖，使得地震灾区再度陷入险境，图 3-1 为当时最大的一处堰塞湖——唐家山堰塞湖。

12 城市暴雨也会引发洪涝灾害吗

随着城市化进程的加快，全国城市呈现出规模逐步扩大的趋势。然而目前，大多数城市的排洪能力均处于较低水平，每次暴雨都会造成城市局部洪涝灾害。城市暴雨洪涝灾害对城市的威胁也越来越大。

以北京市为例，暴雨造成交通堵塞基本上已经成为了一条"定律"。2004 年 7 月 10 日，北京地区一场 10 年一遇的大暴雨，造成部分地区严重积水，40 多处路段发生交通拥堵，有的立交桥下水深超过 2 米。但如果与重庆、济南、武汉等地遭遇的特大暴雨比起来，北京的暴雨可是小巫见大巫了。

2007 年 7 月 16 日，重庆遭遇 115 年以来最大的一场暴雨。暴雨灾害造成

图 3–1　唐家山堰塞湖

（图片来源：http://pic.people.com.cn/GB/31655/7311997.html）

56 人死亡，6 人失踪，直接经济损失 31.3 亿元。仅在两天之后，济南也遭受了 45 年来最大的一次暴雨袭击，雨水漫过了河道，在马路上形成一条条湍急的河流。此次暴雨灾害造成 37 人死亡，4 人失踪，直接经济损失达 13.2 亿元。同年 7 月 27 日，武汉市受到狂风暴雨袭击，因灾死亡 9 人，伤 69 人，倒塌房屋 642 间，损坏房屋 3 053 间，造成直接经济损失达 1.18 亿元。2008 年 9 月 23 日，四川省成都、绵阳、德阳、广元、乐山、眉山、雅安等地遭受了特大暴雨和强雷暴袭击，被困群众 6 500 人，死亡 8 人，失踪 38 人，多条国道、省道交通中断。

千里之堤，溃于蚁穴

“千里之堤，溃于蚁穴”，意思是说一个小小的蚂蚁洞，可以使千里长堤溃决，寓意小事不慎将酿成大祸。在汛期，暴雨频发，江河湖库水位上涨，堤防、水库及涵闸泵站等水利防洪工程，在长时间高水位作用下，经常会诱发脱坡、管涌、裂缝、堤岸崩塌等各类险情。因此，对防洪工程稳定性的监测工作，必须要予以足够的重视，每年汛前做好工程措施汛前检查工作，如水库、山塘、水闸、江堤海塘、河道、泵站、水电站等的安全情况。防患于未然，确保安全度汛。

小结

本章介绍了洪与涝的基本概念及相关知识，并简要叙述了我国洪涝灾害的特点与影响。通过本章的介绍，可以了解到洪涝具有明显的季节季节性、区域性和可重复性等特点。在认识洪涝及洪涝灾害本质特点的基础上，可以更好地指导我们去做好洪涝灾害的防治工作。虽然人类不可能完全消除洪涝灾害的不利影响，但是我们可以通过各种有效措施，积极努力地减少洪涝灾害给我们造成的损失。

第四章
洪涝灾害伤痛记忆

我国特殊的地理气候条件，决定了降水年内时空分布不均，年际变幅很大，加之人口众多，受水旱灾害威胁的土地不断开发利用，导致水旱灾害频发，损失严重。据不完全统计，自公元前 206 ~ 公元 1949 年的 2 155 年间，较大的洪水灾害有 1 092 次。我国政府高度重视防洪抗旱减灾体系建设，通过 60 余年的不懈努力，防洪抗旱减灾工作取得了巨大成效，有效地保障了经济社会的持续稳定发展。但是，随着气候变化加剧，极端天气事件增多，人口、社会财富向洪水风险区高度集中，社会对防洪抗旱安全保障的要求越来越高，洪涝灾害问题变得更为复杂。

1 历史上的黄河改道

据历史文献记载，黄河自公元前 602 ~ 公元 1938 年的 2 540 年中，决口泛滥的年份有 543 年，决溢次数达 1 590 余次，重要改道 26 次，曾经有 7 次大的河道迁徙。有文字记载的黄河下游河道，大体经河北，由今子牙河道至天津附近入海，称为“禹河故道”。黄河河道变更情况详见图 4–1。自公元前 602 年黄河第一次大改道起，至公元 1855 年改走现行河道。其间公元 1128 年以前，黄河走现行河道以北，由天津、利津等地入海；以后走现行河道以南，夺淮入海，灾害波及海河、淮河和长江下游约 25 万平方千米的地区。每次决

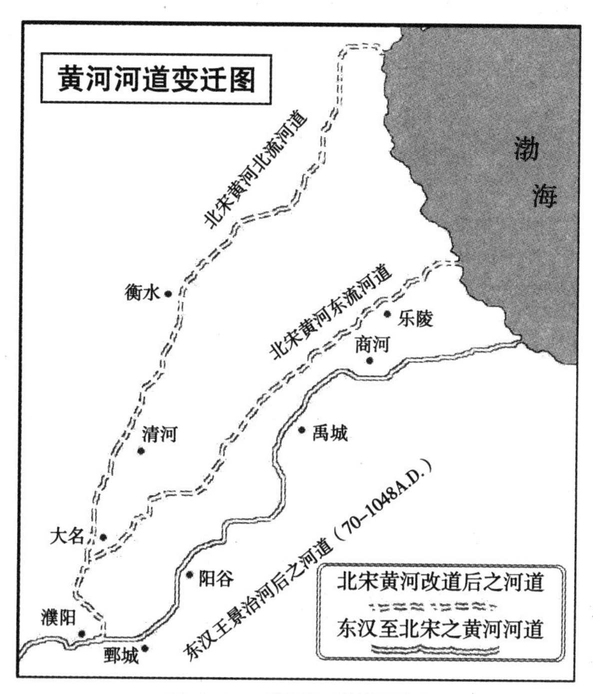

图 4–1　黄河河道变更图

（图片来源：http://culture.edu.tw/history/smenu_photomenu.php）

口泛滥都造成重大损失。1933 年下游决口 54 处，受灾面积 1.1 多万平方千米，受灾人口达 360 多万人。1938 年国民党政府扒开郑州以北花园口黄河大堤，淹死 89 万人。

黄河下游的水患历来为世人所瞩目。历史上，黄河有“三年两决口，百年一改道”之说。主河道经历了五次大改道和迁徙。洪灾波及范围北达天津，南抵江淮，包括冀、鲁、豫、皖、苏五省的黄淮海平原，纵横25万平方千米。

2　1915 年珠江洪水

1915 年 7 月，珠江流域发生流域性的大洪水，西江高要站的洪峰流量为 54 500 立方米每秒，北江石角站的洪峰流量为 22 000 立方米每秒。根据水文资料计算，西江、北江这次洪水重现期均为 200 年一遇。西江、北江洪水相遇，再加上东江也同时发生洪水，造成珠江三角洲遭遇 200 年一遇的特大洪水，北江大堤溃决，广州市被洪水淹没七天，珠江三角洲农作物受灾面积 648 万亩[①]，绝收面积 450 万亩，灾民 378 万人，死伤十余万人。位于西江上的梧州市，洪水淹到三层楼房，郊区百万亩农田汪洋一片。这次洪灾损失，据珠江水利委员会按 1981 年水平计算，损失高达 100 亿元，其中仅广州市就损失 30 亿元。

3 1931 年、1954 年和 1998 年长江洪水

1931 年 7 月月底至 8 月上旬，长江上游出现 3 次降水过程，暴雨中心区从岷江、沱江东移至上游干流宜宾至重庆区间及乌江、沅水、澧水流域，致使上游川江洪水和中下游洪水遭遇，沿江水位长时间居高不下，汉口以下干流洪水位超过警戒水位的时间长达 3 个月，造成严重洪涝灾害。江汉平原、洞庭湖区、鄱阳湖区、太湖区大部分被淹，武汉市水淹达 100 天之久（图 4–2）。湖北、湖南、安徽沿江沿湖一片汪洋，京汉铁路长期停运，京浦铁路中断行车 54 天。据统计，当年长江中下游受灾人口 2 887 万余人，死亡人口 14.54 万人，农作物受灾面积 5 660 万亩，损毁房屋 178 万间。

1954 年 7 ～ 8 月间，长江流域汛期普遍降雨，并有多次暴雨过程，导致中下游地区发生特大洪水（图 4–3）。长江干流上自枝城下至镇江，均超过历年记录的最高洪水位，汉口最高洪水位超出 1931 年最高洪水位 1.45 米，洪峰流量达 76 100 立方米 / 秒。由于新中国成立后加高加固了堤防，兴建了荆江分洪工程，又采取了一系列临时分洪措施，终于保住了荆江大堤以及武汉市的安全。但长江中下游洪灾损失仍很大，湖北、湖南、江西、安徽、江苏等五省，有 123 个县（市）受灾，淹没农田 4 755 万亩，受灾人口 1 888 万人，死亡 3 万余人，京广铁路不能正常通车达 100 天。洪灾还带来一系列经济、社会问题，对整个国民经济的发展都产生了相当的影响。

1998 年 6 ～ 8 月，长江全流域面平均雨量 670 毫米，比多年均值偏多 37.5%，比 1954 年小 36 毫米。中下游干流沙市至螺山、武穴至九江共 359 千

---

① 1 亩 =666.67 平方米

图 4-2　1931 年长江大洪水期间武汉市被水淹
（图片来源：中华人民共和国水利部，兴利除害富国惠民——新中国水利 60 年，中国水利水电出版社，2009）

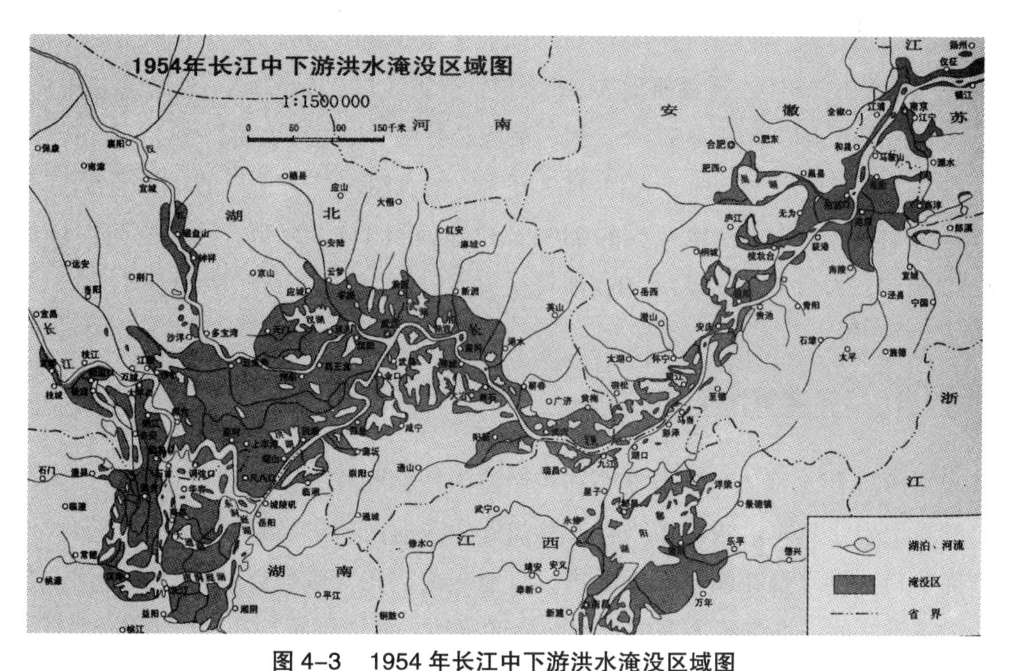

图 4-3　1954 年长江中下游洪水淹没区域图
（图片来源：科技部国家计委国家经贸委灾害综合研究组，中国重大自然灾害与社会图集，广东科技出版社，2004）

米河段水位超过历史最高纪录，汉口、大通、南京水位高居历史第二位，鄱阳湖水系的信江、抚河、修水及洞庭湖水系澧水均发生了超过历史纪录的大洪水，长江其他支流也发生了不同量级的洪水，致使长江中下游地区遭受严重洪涝灾害（图 4-4，图 4-5）。据统计，湖北、湖南、江西、安徽四省溃决

图 4-4　1998 年镇江铁牛望江兴叹

图 4-5　1998 抗洪实景

（图片来源：中华人民共和国水利部，兴利除害，富国惠民——新中国水利 60 年，中国水利水电出版社，2009）

堤垸总数 1 975 座，淹没耕地 358.6 万亩，受灾人口 231.6 万人，死亡人口 1 562 人。其中万亩以上堤垸 57 个，约占溃垸总数的 3%，耕地面积 184.7 万亩，约占总溃淹耕地的 51.5%，人口 94.7 万人，约占溃垸受灾人口的 41%。千亩至万亩 414 个，约占溃垸总数的 21%，耕地面积 115.2 万亩，约占总溃淹耕地的 32%，人口 86.9 万人，约占溃垸受灾人口的 38%。

4 1938 年黄河花园口决口

1938 年 5 月，日本侵略军在控制津浦铁路和陇海铁路后进逼开封。国民党军为阻止日军进攻，于当年 6 月初先后在河南中牟县赵口和郑州花园口炸堤扒口。洪水自花园口破堤而出，直泄东南，在安徽怀远一带汇入淮河，造成黄淮之间一场惨绝人寰的水灾。泛区腹地，尤以鄢陵、扶沟、西华、尉氏、太康、淮阳等县损失惨重。洪水到时，只见丈余高的水头铺天盖地而来，千里平原顿成泽国。泛区范围从花园口以下，从西北到东南，长约 400 千米，宽 30 ~ 80 千米不等。据统计，河南、安徽、江苏三省有 44 县（市）、54 000 多平方千米的土地和 1 250 万人口遭受本次黄河洪水的袭击，共造成 89 万人死亡。中牟、通许、尉氏、扶沟、西华、商水 6 县的人口总数只有受灾前的 38%，除了部分人口外逃他乡，其余则因水灾或疾病丧命，洪水过后，黄泛区一片千里无人烟的景象（图 4-6）。

图 4–6　1938 年黄河水灾

（图片来源：中华人民共和国水利部，兴利除害　富国惠民——新中国水利 60 年，中国水利水电出版社，2009）

5　1963 年海河洪水

1963 年 8 月上旬，海河流域南运河、子牙河、大清河水系发生了有水文记载以来的最大暴雨洪水。雨区沿太行山形成南北长 440 千米、东西宽 90 千米、降雨量超过 600 毫米的雨带，暴雨中心的邢台獐狐站 8 月 4 日一天雨量达 865 毫米。漳卫河、子牙河、大清河三水系各干支流相继于 8 月 3 ~ 5 日开始涨水，洪水越过京广铁路深入平原，冀中、冀南平原地区平地行洪，尽成泽国。

洪水期间，上游的大型水库发挥了拦洪削峰作用，下游独流减河、津浦铁路、25 孔桥、四女寺减河等泄洪入海工程充分泄洪，加之天津外围洼淀的合理调度运用，确保了天津市的安全。但是由于此次洪水突发性强，各河流量超过设防标准甚多，所造成的损失仍很严重，据河北省统计资料，邯郸、邢台、石家庄、衡水、保定、沧州、天津 7 个专区共 104 个县（市）遭受洪涝灾害。其中，被水淹的县（市）28 个，被洪水围困的县城 33 座。保定、邢台、邯郸 3 市市区水深 2 ~ 3 米。在 2 万多个受灾村庄中，倒塌房屋 1 265 万间，受灾人口 2 200 万。工矿企业、交通、电讯遭受严重损坏。邯郸、石家庄、邢台、保定有 225 个工矿企业停产。京广、石德、石太铁路被水冲毁 822 处，全长 116.4 千米，京广铁路 27 天不能通车。7 个专区的公路交通几乎全部停顿。水利工程也遭受严重破坏。刘家台等 5 座中型水库失事，330 余座小型水库被冲坏。三大水系主要河道决口 2 400 处，支流决口 4 489 处，滏阳河全长 350 千米的堤防全部漫溢，溃不成堤。这次洪水总计淹没农田 6 600 千米，减产粮食 60 亿斤，直接经济损失约 60 亿元。

6 1975 年、1991 年淮河洪水

1975 年 8 月上旬，3 号台风“尼娜”在福建省登陆，后深入内陆到达河南省境内，停滞少动，造成连续三天特大暴雨。暴雨从 8 月 4 日持续到 8 日，历时 5 天，其中 5 ~ 7 三日连续三天特大暴雨，降雨量超过 600 毫米的面积达 8 200 平方千米。暴雨中心在汝河上游林庄，24 小时降雨量 1 060.3 毫米，暴雨强度之大为我国有记录以来首位。淮河支流汝河、沙颍河水系发生了我国历史上罕见的特大暴雨洪水。由于来水过大，老王坡、泥河洼等蓄滞洪区漫决，沙河、洪汝河洪水漫溢决口，板桥、石漫滩两座大型水库 8 日失事垮坝。板桥水库距京广铁路 45 千米，垮坝最大流量 78 800 立方米 / 秒，形成一个高 5 ~ 9 米、宽 12 ~ 15 米的洪峰，冲毁了铁路 102 千米，中断行车达 18 天之久。据统计，此次洪水最大积水面积达 1.2 万平方千米。河南省 29 个县（市）1 700 万亩农田被淹，1 100 万人口受灾，2 座大型、2 座中型及 44 座小型水库失事。

1991 年 5 月中旬至 7 月中旬，江淮地区发生了 3 次大面积暴雨。6 月中旬，流域中南部普降暴雨，累积降雨量 200 ~ 400 毫米，蚌埠暴雨中心 1 小时雨量 101 毫米，为 200 年一遇。6 月下旬至 7 月上、中旬，淮河水系再降大到暴雨，淮南累积降雨量 300 毫米，大别山区、淮河下游及里下河地区累积降雨量 400 毫米，暴雨中心点吴店站累积降雨量为 1 125 毫米。洪泽湖蒋坝最高水位达 14.06 米，三河闸最大泄量 8 450 立方米 / 秒，入江水道金湖最高水位 11.69 米，超过历史最高纪录 0.50 米。据统计，1991 年淮河全流域受灾面积 8 275 万亩，其中 79% 为涝灾，成灾面积 6 024 万亩，受灾人口 5 423 万人，死亡 500 多人，倒塌房屋 196 万间，直接经济损失达 340 亿元。京沪、淮南、淮阜铁路多次中断，大部分公路干线被淹没，数千家工厂被洪水围困，处于

停产、半停产状态，造成的间接损失及影响十分严重。

7 1996年海河洪水

1996年8月2～5日，河北省普降暴雨。由于暴雨强度大，时间集中，导致中南部太行山区山洪暴发，河水猛涨。滹沱河、滏阳河和漳河流域发生了1963年以来的最大洪水。洪水使部分河道控制水文站及大型水库的入库流量出现历史最大值，9座大型水库溢洪，300余座中小型水库溢流，宁晋泊、大陆泽、献县泛区和东淀4个蓄滞洪区被迫启动滞洪。

据统计，河北省91个县（市）、1 030个乡（镇）、15 900个村庄受灾，受灾人口1 691万，被洪水围困人员181.88万，损坏房屋131万间，倒塌房屋77.4万间，因灾死亡596人，直接经济总损失456.3亿元。

8 1998年松辽洪水

1998年6月上旬至8月中旬，受东北低温影响，嫩江流域降水量明显偏多，嫩江上游地区发生四次强降雨过程，形成嫩江流域、松花江干流特大洪水。嫩江、松花江长时间维持洪水高水位，嫩江干流齐齐哈尔站持续时间长达61天，松花江干流哈尔滨站持续时间长达50天，持续性高水位给沿江地区造成了巨大损失。据统计，此次洪涝灾害造成黑龙江、吉林、内蒙古等三省（区）1 335万人受灾，农作物受灾面积7 245万亩，倒塌房屋175万间，因灾死亡156人，直接经济总损失517亿元。

9 2006年强热带风暴“碧利斯”引发洪灾

2006年7月14日12时50分，200604号强热带风暴“碧利斯”在福建霞浦登陆。登陆后强度维持8级风力以上，时间长达31个小时，深入内陆直接影响9省（自治区）长达120小时，是历史上在我国登陆并深入内陆维持时间最长的强热带风暴。受其影响，7月13～18日，我国江南大部、华南

图 4–7 强热带风暴“碧利斯”造成湖南永兴县城进水
（图片来源：中国水旱灾害公报 2006）

大部和西南东部出现了大范围持续强降雨。受持续强降雨影响，湖南湘江上中游干流发生了有实测记录以来的第 2 大洪水（图 4–7），支流耒水发生了超历史纪录的特大洪水，广东北江发生了有实测记录以来最大流量的大洪水，支流武水发生了超历史纪录的特大洪水，福建诏安东溪发生了超历史纪录的大洪水。强热带风暴造成风、雨、洪、涝、滑坡、泥石流多灾并发的局面。京广铁路、京珠高速公路、106 和 107 公路等多条重要交通干线一度中断，全国还有近 30 个机场临时关闭，100 多个航班取消飞行，大量水利、交通、通讯、电力设施损毁。湖南湘江干流堤防出现险情 134 处，70 余座水库不同程度地出险，湖南郴州发生特大山洪灾害；广东有 16 个县级以上城区受淹，乐昌、韶关等市区最大水深达 5 米多，被洪水围困群众多达 173 万，福建相继发生 250 多起山洪灾害。此次洪涝灾害农作物受灾面积 1 346.6 千公顷，其中成灾 728.5 千公顷，受灾人口 2 955.4 万人，因灾死亡 843 人，倒塌房屋 27.8 万间，直接经济损失 351.0 亿元。

10 2007 年济南特大暴雨灾害

2007 年 7 月 18 日 15 时 ~ 19 日 2 时，受北方冷空气和强盛的西南暖湿气流的共同影响，山东省济南市自北向南发生了一场强降雨过程，市区 1 小时最大降雨量 151.0 毫米，为 1951 年有气象记录以来的最大值。此次特大暴雨造成市区道路毁坏 1.4 万平方米（图 4–8），140 多家工商企业进水受淹，其中近一万平方米的地下商城，在不到 20 分钟的时间内积水深达 1.5 米，全市

图 4-8 济南市 2007 年 7 月 18 日暴雨期间街道洪水情况
（图片来源：中国水旱灾害公报 2007）

33.3 万人受灾，因灾死亡 37 人，失踪 4 人，倒塌房屋 2 000 多间，市区内受损车辆 802 辆，直接经济损失 13.20 亿元。

11 2010 年广州城市暴雨内涝灾害

2010 年 5 月 6 ~ 7 日，广州市遭遇特大暴雨袭击。全市平均降雨 107.7 毫米，市区平均降雨 128.45 毫米，中心城区和北部地区均超过特大暴雨标准。五山雨量站 1 小时最大雨量和 3 小时连续降雨量分别为 99.1 毫米和 199.5 毫米，均超过广州市 1 小时最大雨量（90.5 毫米）和 3 小时最强降雨（141.5 毫米）的历史纪录。广州市自有预警信号以来首次发布全市性暴雨红色预警信号。受暴雨影响，广州市越秀、海珠、荔湾、天河、白云、黄埔、花都和萝岗 8 个区（县）、102 个镇（街）、3.22 万人受灾，农作物受灾面积 17.12 千公顷[①]，因灾死亡 6 人，中心城区 118 处地段出现内涝水浸，其中 44 处水浸情况较为严重。全市直接经济总损失 5.44 亿元。

---

① 1 公顷 =10 000 平方米 =0.01 平方千米

12 2010年舟曲特大泥石流灾害

2010年8月7日23时左右，舟曲县东北部降特大暴雨，持续40多分钟，降雨量97毫米，引发白龙江左岸的三眼峪、罗家峪发生特大泥石流，宽500米、长5千米的区域被泥石流夷为平地。泥石流涌入舟曲县城（图4–9），冲毁楼房20余栋，土木结构的民房被冲毁，冲积物堆积在县城下段的瓦厂桥桥洞处，导致大量建材和泥石流堆积在三眼峪入江口以下至瓦厂桥约1千米长的江道内，堆积体厚约9米，阻断白龙江，形成堰塞湖。受堰塞湖影响，县城多条街道受淹，最深处约10米。此次泥石流灾害造成舟曲2个乡镇、13个行政村4 496户20 227人受灾，因灾死亡1 501人，失踪264人。其中三眼村、月圆村、春场村基本被冲毁。白龙江县城中段被泥石流堆积物淤满，江水高出河堤3米左右，县城沿江建筑一层均被淹没，北山一带及学校等场地积水和泥沙厚度达2 ~ 3米。

图4–9 甘肃省舟曲县遭受严重山洪泥石流灾害
（图片来源：中国水旱灾害公报2010）

13 2002 年欧洲洪水

2002 年 8 月上旬，英国东侧北海形成的一个低气压，一改往常向西北方向移动的规律，一路南下到了意大利的热那亚湾上空，吸足了地中海的水汽。由于受到撒哈拉—巴尔干地区上空高气压的阻拦，这颗危险的“水炸弹”弹头向东，经过阿尔卑斯东麓再北上，驻留在易北河流域的上空，形成了气象专家最为担心的天气条件，易北河、多瑙河流域发生了百年不遇的特大洪水。

在此次洪水灾害中，以俄罗斯的死伤最严重，死亡人数达 59 人，仅黑海度假区就有 4 000 多名游客受困，30 辆汽车和巴士沉入海底。德国东南部遭遇 50 年来罕见水灾，死亡人数为 12 人，上万人受困。巴伐利亚七个区宣布进入紧急状态。多瑙河水位达到 10.82 米，创百年最高。捷克首都布拉格也遭遇了百年来最为严重的洪涝灾害，造成至少 9 人死亡（图 4–10）。奥地利最少有 7 人在洪灾中丧生，受灾人数超过 6 万，历史名城维也纳、伊布斯也在劫难逃，化为一片泽国。此外，洪水、冰雹和龙卷风，使南欧的罗马尼亚近一半的地区受灾，造成 11 人死亡，数十人受伤。

图 4–10　捷克的贝龙河及伏尔塔瓦河水位暴涨，布拉格市郊一带成泽国

（图片来源：www.china.com.cn）

14 2005年卡特里娜飓风引发洪灾

2005年8月月底，来自加勒比海的“卡特里娜”飓风在佛罗里达州东南部登陆，五级飓风引发了高能量的风暴潮，由此产生的狂风巨浪冲毁了多处防护堤，使美国七个州遭受洪水灾害，受灾最重的是路易斯安那州、密西西比州和阿拉巴马州。“卡特里娜”飓风在美国造成巨大的经济损失和惨重的人员伤亡，被列为美国历史上最严重的十大自然灾难之一。

路易斯安那州的新奥尔良市在此次灾难中遭到了毁灭性打击。飓风引发的风暴潮冲毁了新奥尔良市的众多防洪堤，大多数堤防和防洪墙由于风暴潮越过堤顶，产生漫溢，并侵蚀了堤体，导致决口。其中，风暴潮冲毁了新奥尔良第17街运河的防洪堤，其决口宽约61米，由于该运河与庞洽特雷恩湖贯通，湖水涌入新奥尔良东岸区低地，造成城区严重的大面积洪水泛滥。由于多处堤防漫顶、决口，新奥尔良市80%的区域被淹没，其中包括两个机场，有些地方水深高达6米多。飓风所经之处，许多树木被连根拔起，不少街道标志牌被吹倒，一些船只被从河中抛到岸上；很多房屋被毁坏，并造成数以万计的房屋被淹和数百万户家庭断电（图4-11）；道路及一些高速公路的桥梁被淹没。在新奥尔良市，人们在被洪水淹没的街道上跋涉，许多人被洪水围困在屋顶上或倒塌的房屋中，苦苦等候救援，由于救护船和救护车忙于救护生者，漂浮着的尸体时可见到。同时，新奥尔良出现了无政府主义的混乱局面，发生多起抢劫、盗窃、纵火和暴力冲突

图4-11 新奥尔良一家酒店在飓风袭击中严重损毁

（图片来源：http://news.sina.com.cn）

事件。

截至 2005 年 9 月底，受飓风影响死亡的人数达 1 209 人，仅路易斯安那州就有 700 多人死亡，经济损失估计在 1 000 亿 ~ 2 000 亿美元。

本章从流域性大洪水、台风灾害、山洪灾害、城市内涝等多个类型，记录了历史上国内外的洪涝灾害事件，涉及黄河、珠江、长江、海河、淮河、松辽等多个流域，以及美国、欧洲等地，使我们对于不同类型的洪涝灾害有了初步的了解。历史不能忘却，这些灾害督促我们更努力地认识洪涝及洪涝灾害，督促我们更努力地做好洪涝灾害的防治工作。

第五章

洪涝灾害的应对措施

随着气候变化的加剧、极端天气事件的增多以及人口、社会财富向洪水风险区的高度集中，社会对防洪抗旱安全保障的要求越来越高，洪涝灾害问题变得更为复杂。中国有句古语“兵来将挡，水来土掩”。人类社会发展到今天，防洪减灾措施已不仅仅是“水来土掩”了，而是已经形成了一整套的防洪工程与非工程措施。我国政府高度重视防洪抗旱减灾体系建设，通过 60 余年的不懈努力，防洪抗旱减灾工作取得了巨大成效，有效地保障了经济社会的持续稳定发展。

1 我国的防汛抗旱组织体系是怎样的

我国《防汛条例》中规定，防汛抗洪工作实行各级人民政府行政首长负责制，统一指挥、分级分部门负责。目前，我国防汛抗旱洪组织体系大体可分为三个层次，具体如图 5-1 所示。

第一层次：国务院设立国家防汛抗旱指挥机构，负责领导、组织全国的防汛抗旱工作，其办事机构是国家防汛抗旱总指挥部办公室，设在国务院水行政主管部门即水利部。

第二层次：在国家确定的重要江河、湖泊设立由有关省、自治区、直辖市人民政府和该江河、湖泊的流域管理机构负责人等组成的防汛抗旱指挥机

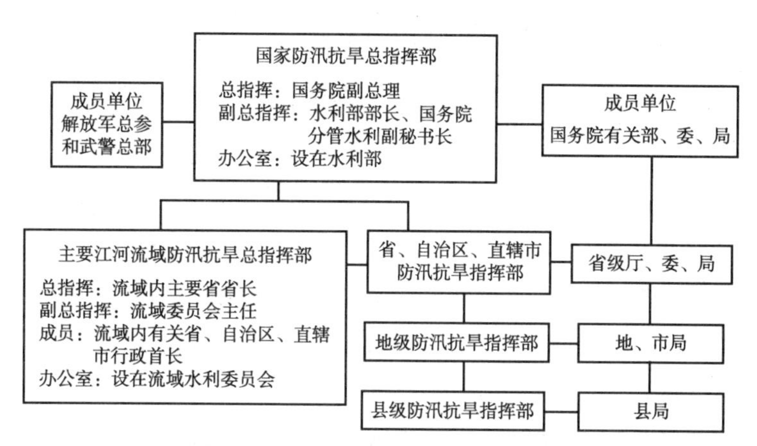

图 5-1　防汛抗旱组织体系结构图

构，指挥所管辖范围内的防汛抗洪工作，其办事机构设在流域机构。此外，国务院水行政主管部门所属的长江、黄河、淮河、海河、珠江、松花江、辽河和太湖等流域机构，设立防汛办事机构，负责协调本流域的防汛日常工作。

第三层次：有防汛抗洪任务的县级以上地方人民政府设立由有关部门、当地驻军、人民武装部负责人等组成的防汛抗旱指挥机构，在上级防汛抗旱指挥机构和本级人民政府的领导下，指挥本地区的防汛抗洪工作。必要时，经市人民政府决定，防汛抗旱指挥机构也可以在建设行政主管部门设城市市区办事机构，在防汛抗旱指挥机构的统一领导下，负责城市市区的防汛抗洪日常工作。

2 防汛部门汛前需要做些什么准备

防汛准备工作是根据掌握的洪水特征，有针对性的地准备预防工作。

（1）汛前准备和部署　防汛工作涉及面广，需要各有关部门的共同参与。每年汛前，各级政府和防汛抗旱指挥部门都必须召开专门防汛工作会议，对防汛工作进行全面部署。防汛准备在各项准备工作中占有首要地位。准备工作是否充分，将直接影响到各项防汛工作的落实。各级防汛机构要结合部署防汛工作，大力宣传防汛抗灾的重要意义。

（2）防汛组织机构的完善　防汛是动员组织全社会的人力和物力防御

洪涝灾害，必须要有健全而严密的组织系统。防汛指挥机构是一个综合协调参谋机构，按照国家《防洪法》、《防汛条例》的规定，有防汛任务的县级以上地方人民政府必须设立由有关部门、当地驻军、人民武装部负责人等组成的防汛指挥机构，领导指挥本地的防汛抗洪工作。

（3）防汛队伍组建及培训　　防洪工程是抗御洪水的屏障，但为了取得防汛抢险斗争的胜利，必须要有坚强有力的防汛抢险队伍。长期与洪水灾害斗争的经验教训告诉人们，每年汛前必须组织好人员精干、组织严密、责任分明的防汛抢险队伍。

（4）防汛抢险物资储备　　防汛物料是防汛抢险的重要物质条件，是防汛准备工作的重要内容。汛期，在防洪工程发生险情时，要根据险情的种类和性质尽快选定合适抢险材料进行抢护。这就要求抢险物料必须品种齐全、数量充足，并且能迅速运送到险工险段。

（5）防汛预案修订　　防洪预案是指防御江河洪水灾害、山地灾害、风暴潮灾害、冰凌洪水灾害和水库溃坝洪水灾害等灾害的具体措施和实施步骤，是在现有工程设施条件下，针对可能发生的各类洪涝灾害而预先制定的防御方案、对策和措施，是各级防汛指挥部门实施决策和防洪调度、抢险救灾的依据。汛前，要根据流域内经济社会状况、工程变化等因素，对防御洪水预案进行全面修订完善。

（6）汛前检查及查险除险　　汛前检查是消除安全度汛隐患的有效手段，其目的就是发现和解决安全度汛方面存在的薄弱环节，为汛期安全度汛创造条件。在汛前检查过程中，要制定检查工作制度，实行检查工作登记表制度，落实检查人和被检查人的责任。对检查中发现的问题，将任务和责任落实到有关单位和个人，明确责任分工，限汛前完成任务，堵塞不安全漏洞，消除安全度汛隐患。

3　什么是紧急防汛期

在我国《防洪法》中明确规定，当江河、湖泊的水情接近保证水位或者安全流量，水库水位接近设计洪水位，或者防洪工程设施发生重大险情时，有关县级以上防汛指挥机构可对外宣布该地区进入紧急防汛期。在紧急防汛期，防汛指挥机构可根据防汛抗洪的需要采取如下举措：对壅水、阻水严重的桥梁、引道、码头和其他跨河工程设施做出紧急处置；在管辖范围内调用物资、设备、交通运输工具和人力，决定采取取土占地、砍伐林木、清除阻水障碍物和其他必要的紧急措施；必要时，公安、交通等有关部门应按照防汛指挥机构的决定，依法实施陆地和水面交通管制。

4. 如何划分防汛应急响应的级别

根据《国家防汛抗旱应急预案》，我国防汛应急响应机制共分为4级，最高级别为Ⅰ级，最低级别为Ⅳ级，具体如下。

（1）当出现下列情况之一时，启动Ⅰ级防汛应急响应：某个流域发生特大洪水；多个流域同时发生大洪水；大江大河干流重要河段堤防发生决口；重要大型水库发生垮坝。

（2）当出现下列情况之一时，启动Ⅱ级防汛应急响应：数省、自治区、直辖市同时发生严重洪涝灾害；一个流域发生大洪水；大江大河干流一般河段及主要支流堤防发生决口；一般大型及重点中型水库发生垮坝。

（3）当出现下列情况之一时，启动Ⅲ级防汛应急响应：数省、自治区、直辖市同时发生洪涝灾害；一省、自治区、直辖市发生较大洪水；大江大河干流堤防出现重大险情；大中型水库出现严重险情。

（4）当出现下列情况之一时，启动Ⅳ级防汛应急响应：数省、自治区、直辖市同时发生一般洪水；大江大河干流堤防出现险情；大中型水库出现险情。

5. 我国与防汛抗洪相关的法律法规有哪些

水法规是水资源开发、利用、节约、保护和管理的法律依据，是水利改革与发展、实现水资源可持续利用的保障。我国与水相关的法律制定起步较晚，目前仍处于不断修改完善的过程中。20世纪80年代初期，先后制定了一批规章，如《河道堤防工程管理通则》、《水闸工程管理通则》，《水库工程管理通则》等。1988年1月颁布实施的《中华人民共和国水法》，标志着中国水利事业走上了法制建设的轨道。至今国家颁布实施的与防洪有关的法律、法规有：《中华人民共和国水法》（2002年修订）、《中华人民共和国防洪法》（1998年）、《中华人民共和国防汛条例》（1991年发布，2005年修订）、《中华人民共和国河道管理条例》（1988年）、《水库大坝安全管理条例》、《重要江河防御特大洪水方案》、《蓄滞洪区安全建设指导纲要》和《蓄滞洪区运用补偿暂行办法》等。

6 防洪工程措施的作用有哪些

防洪工程是指为了防御洪水或减免洪水灾害而修建的水利工程。防洪工程措施对洪水的作用主要有如下几方面：

（1）挡 主要是运用工程措施挡住洪水对保护对象的侵袭。如修筑河堤防御河、湖洪水泛滥；修围堤限制分洪区淹没范围；修海堤和防潮闸防御海潮、风浪的侵袭等。

（2）泄 主要是增加河道泄洪能力，如修分洪道、整治河道（扩大河槽、裁弯取直等），沿河修堤也有增加泄洪能力的作用，这些措施对防御常遇洪水较为经济，容易实行，因此得到广泛的采用。

（3）蓄 主要作用是拦蓄（滞）调节洪水，削减洪峰，为下游减少防洪负担。如水库、蓄滞洪区等。水库具有调蓄洪水能力，用水库蓄洪一般可以结合水资源开发利用，发挥综合效益，故成为近代河流治理开发中普遍采用的方法。

7 防洪非工程措施的内容及作用有哪些

防洪非工程措施是指通过法令、政策、经济和防洪工程以外的技术手段，减少洪水灾害损失的措施。一般包括以下内容：

（1）建立洪水预报和警报系统 在洪水到达之前，利用卫星、雷达和电子计算机，把遥测收集到的水文气象数据，通过无线电系统传输，进行综合处理，准确做出洪峰、洪量、洪水位、流速、洪水到达时间、洪水历时等洪水特征值的预报，密切配合防洪工程，进行洪水调度；及时对洪泛区发出警报，组织居民撤离，以减少洪灾损失。一般来说，洪水预报精度愈高，预见期愈长，减少洪水灾害损失的作用就愈大。

（2）制定超标准洪水防御措施 针对可能发生的超标准洪水，提出在现有防洪工程设施下最大限度减少洪灾损失的防御方案、对策和措施。

（3）救灾与实行洪水保险 依靠社会筹措资金、国家拨款或国际援助进行救济。凡参加洪水保险者定期缴纳保险费，在遭受洪水灾害后按规定得到赔偿，以迅速恢复生产和保障正常生活。

（4）对洪泛区进行管理 通过政府颁布法令或条例，对洪泛区进行管理。一方面，对洪泛区利用的不合理现状进行限制或调整，对不合理开发洪泛区采用较高税率，给予限制；另一方面，对洪泛区的土地利用和生产结构进行规划，达到合理开发，防止无限侵占洪泛区，以减少洪灾损失。

（5）制定撤离计划 在洪泛区设立各类水标志，并事先建立救护组织、抢救设备，确定撤退路线、方式、次序以及安置等计划，根据发布的警报，将处于洪水威胁地区的人员和主要财产安全撤出。

（6）进行河道管理 对河道范围内修建建筑物、地面开挖、土石搬迁、土地利用、植树砍树等进行管理。

（7）制定、执行有关防洪的法规、政策 将古今中外成功的防洪经验和应当吸取的教训，以法规、政策的形式规定下来，把防洪工作纳入法制轨道。

8 什么是洪水预报

洪水预报是根据洪水形成和运动规律，利用水文、气象信息，预测洪水的发生与变化过程，它是防汛抢险和防洪系统调度运用的决策依据，同时也为水资源的合理利用和保护、水利工程的建设和管理运用以及工农业的安全生产服务。主要预报项目为：洪峰水位、最大流量、洪峰出现时间和一次洪水总量等。通常，把预见期在 2 天以内的称为短期预报；预见期在 2 ~ 10 天的称为中期预报；预见期在 10 天以上、一年以内的称为长期预报。

20世纪90年代以来，随着计算机在水文预报领域中的推广应用和水文模拟技术的提高，我国的水文预报技术取得了新进展。洪水预报计算机数据处理系统、水文数据库系统、水情信息广域网络、预报作业软件等先后投入运行。目前，我国的水雨情自动测报和洪水预报调度系统的连接、引进和改造，已达到国外同类系统的水平，某些功能方面已是国际领先水平。随着资料的积累，可进一步研究分布式预报和实时校正技术，以减少预报误差。

9 水库的作用有哪些

水库的建造可以追溯到公元前3000年。由于受技术水平的限制，早期的水库一般较小，随着近代水工建筑技术的发展，兴建了一批高坝，形成了一批巨大的水库。水库一般是在山沟或河流的狭口处，通过建造拦河坝形成的人工湖泊，用于调节自然水资源的分配。

在我国，水库是广泛采用的防洪工程措施之一。截至2010年底，我国已建成各类水库87 873座（不含港、澳、台地区，下同），其中，大型水库（库容≥1亿立方米）552座、中型水库（1 000万立方米≤库容<1亿立方米）3 269座。辽宁大伙房水库（图5-2）就是众多水库中心的一座，位于抚顺市东郊浑河中游，于1958年建成，水库狭长，总面积110平方千米，总库容22亿立方米，控制流域面积543平方千米。

在防洪区上游河道适当位置兴建能调蓄洪水的水库，利用水库库容拦蓄洪水，削减进入下游河道的洪峰流量，就可以达到减免洪水灾害的目的。然而，修建水库的目的除了发挥其防洪的作用外，还有灌溉、发电、供水、航运等兴利效益。由于河川径流具有多变性和不重复性，在年、季以及地区之间来水都不同，而大多数用水部门都要求比较固定的用水数量和时间，它们的要求经常与天然来水情况不能完全相适应。为了解决径流在时间上和空间上的重新分配问题，可以通过在江河上修建一些水库工程，充分开发利用水资源，蓄洪补枯，使天然来水能较好地满足用水部门的需求。

图 5–2　辽宁大伙房水库

（图片来源：中华人民共和国水利部，兴利除害　富国惠民——新中国水利 60 年，中国水利水电出版社，2009）

10 如何应对城市内涝灾害

从发达国家经验来看，首先是加强城市排水系统的建设，加强泵站的建设，以应对河道水位上升、雨水不能自排的问题；其次是采取各种雨水蓄滞的措施，比如以立法形式要求新建、改建小区必须设置相应容积的雨水调节池，调节池中储存的雨水可在洪峰过后排入河道，或作为绿地浇灌和城市清洁用水。

在城市建设上，除了采用透水砖铺装人行道、增加透水层、减少硬质铺装外，国外也运用了一些生态方法改善雨水系统条件。德国在城市排涝方面就做得很好，保证城市有很高的绿化率，减少了雨水径流。韩国近年来将过去填埋改造成道路的城市河涌，又重新恢复成河流，既改善了城市景观，又增强了防洪排涝的能力。日本为了应对城市水灾，在大阪和东京修建了 10 米直径的地下河。

加强宣传教育，提高城市居民防灾避险意识，对于减轻城市内涝灾害也是至关重要的。目前，我国建立了四级应急响应制度，但只是笼统地说启动了红色或是橙色预警或应急预案。而在日本和一些欧洲国家，即使发布了红色预警，还会在地图上标注出哪些地方是高风险的红色，哪些地方是风险次之的橙色或蓝色，哪些地方是安全的绿色，并且通过电视和网络向公众发布。

另外，日本的《下水道法》对下水道的排水能力和各项技术指标都有严格规定；巴黎的排水法律体系也相当完善，围绕城市内涝预防、规划以及政府责任，进行全方位的立法。我国也应该加强依法治理城市水患的力度，同时也要进一步健全水灾应急管理体系，科学制定防汛应急预案。

11 如何识别管涌的发生并进行抢护

管涌是指在高水位情况下，堤、坝、闸等挡水建筑物地基的土壤颗粒被渗流带走的现象。发生在渠道、水塘中的管涌险情，管涌口附近水温较低并有沙盘出现，水体颜色变浑或水面有时伴有冒气泡和翻水花现象。管涌发生时，大量涌水翻沙，使堤防、水闸地基土壤骨架破坏，孔道扩大，基土被淘空，引起建筑物塌陷，造成决堤、垮坝、倒闸等事故。管涌的抢护方法一般包括：

（1）对严重管涌险情，要在翻砂鼓水处做围井倒滤。

（2）对一般管涌险情，在翻砂鼓水处不做围井，直接填反滤料即可。

（3）如管涌发生在渠道内，有条件的可做围堰或关闭节制闸，以抬高渠内水位，蓄水反压。

（4）如管涌发生在水坑、水塘、水田等低洼处，可以利用塘埂、田埂做好围堰，实行蓄水反压，堤内填塘。

12 堤防漫溢后怎么处置

堤防漫溢是指洪水涨至堤顶附近并在风浪的作用下洪水越过堤顶间断溢流，或洪水位超过堤顶洪水直接越过堤顶而发生溢流的现象。通常，土堤是不允许堤身过水的。一旦发生漫溢的重大险情，就会很快引起堤防的溃决。

因此，在汛期应采取紧急措施防止漫溢的发生。

堤防漫溢的处置要点就是在堤顶抢筑子堤，拦住洪水。1998 年汛期，长江和嫩江、松花江流域的很多堤段都发生了洪水位超越堤顶高程的重大险情，不得不通过紧急抢筑子堤，依靠子堤挡水来渡过难关。具体的抢护方法为：应在堤顶外侧抢做子堤，至少离开堤肩 0.5 米，子堤后留有余地，便于防汛人员及车辆通行。需要注意的事项有，抢筑子堤要根据土方数量及就地取材的原则，确定施工方法，组织足够的劳力，全堤段同时开工，分层填筑，不能等筑完一段再筑另一段，以防洪水到来时从低处漫溢。

13 堤岸崩塌如何处置

在汛期，当水流冲刷，建筑物地基失稳，或水位骤降，在反向渗压力作用下，丁坝、护岸等御水护堤工程及堤坝临近水面，有时发生局部或整体坍塌破坏，使堤身直接遭受洪水冲击。另外，河道弯曲部分凹岸一侧也可能因受到急流冲刷，淘空堤脚或岸坡，导致水下坡度变陡、堤坡失稳，造成堤岸崩塌险情（图 5–3）。

图 5–3 堤岸崩塌

（图片来源：http://images.google.co.uk）

堤岸崩塌的抢护方法：抛石或抛笼护脚；若崩塌险情严重，带动堤坡发生崩塌时，除抛石固脚外，还要进行“外削内帮”。要将崩塌堤岸水上部分的土进行外削，以减轻上部重量，并在内坡加大堤身断面，如果崩塌险情特别严重时，还要考虑实施移堤还滩。需要注意的是，对堤岸土质差、堤岸合一、迎流顶冲、发展快的崩塌险情，必须同时采取综合措施并抓紧实施。

14 蓄滞洪区的作用是什么

蓄滞洪区主要是指河堤外洪水临时贮存的低洼地区，其中大多数历史上就是江河洪水淹没和蓄滞的场所。蓄滞洪区是江河防洪体系中的重要组成部分，是保障防洪安全，减轻灾害的有效措施。

为了保证重点地区的防洪安全，将有条件的地区开辟为蓄滞洪区，有计划地蓄滞洪水，是流域防洪规划经济合理的需要，也是为保全大局，而不得不牺牲局部利益。从总体上衡量，保住重点地区的防洪安全，使局部受到损失，有计划地分洪是必要的，也是合理的。目前，我国主要蓄滞洪区有98处，主要分布在长江、黄河、淮河、海河四大河流两岸的中下游平原地区。

淮河流域的蒙洼蓄洪区，是于1953年设立的千里淮河第一座蓄洪库，库内辖4个乡镇，有131座庄台，涉及15万余人，耕地面积18万亩，区内王家坝分洪闸设计分洪流量1 626立方米/秒，设计蓄洪水位27.66米，相应蓄洪量7.2亿立方米。该蓄洪区建成以来多次蓄滞洪水，发挥了巨大的防洪效益。

15 蓄滞洪区如何运用补偿

我国主要江河洪水峰高量大，考虑到技术和经济的可行性，修建的防洪工程只能达到一定的标准，遇超标准洪水时仍需启用蓄滞洪区。但是，运用蓄滞洪区，在减少全流域洪水风险的同时，也会对区内的农田、村镇和居民财产造成较大损失。因此，蓄滞洪区分洪、损失和发展的矛盾日益突出。

为应对这一复杂问题，1998年，水利部、国家防办组织起草了《蓄滞洪区运用补偿暂行办法》(以下简称《暂行办法》)，并于2000年5月经国务院第28次常务会议审议通过。5月27日由《中华人民共和国国务院令（第286号）》予以发布，并自发布之日起开始施行，《暂行办法》明确了补偿政策的指导思想、原则、补偿机制和相应措施，为蓄滞洪区的运用补偿提供了依据。2000年6月，水利部编制了蓄滞洪区居民财产登记核查补偿表。2001年12月，财政部颁布了《国家蓄滞洪区运用财政补偿资金管理规定》（财政部令第13号），对补偿范围、标准和工作程序以及资金管理等进行了细化。

《暂行办法》颁布实施之后，在2000年与2001年淮河支流沙河洪水、2003年淮河流域大洪水与洞庭湖支流澧水大洪水期间，都有蓄滞洪区因为分洪运用而获得了补偿。其中，2003年的淮河流域大洪水期间，运用了9个蓄滞洪区，是施行《暂行办法》后第一次大规模地开展蓄滞洪区运用补偿工作。

在2003年淮河流域大洪水蓄滞洪区运用补偿的经验和暴露出的问题的基础上，根据《暂行办法》，财政部对《国家蓄滞洪区运用财政补偿资金管理规定》进行了修订，修订后的《国家蓄滞洪区运用财政补偿资金管理规定》（财政部令第37号）经财政部部务会议讨论通过后自2006年7月1日起施行，根据《暂行办法》，并与《资金管理规定》相衔接，水利部于2007年3月6日制定并印发了《蓄滞洪区运用补偿核查办法》，并于2007年3月20日修订并印发了《蓄滞洪区居民财产登记核查补偿表及其填表说明》。

16 什么是城市防洪保护圈

城市防洪保护圈，是我国一些平原地区的城市较多采用的防御洪水措施。平原城市地面高度一般低于江河洪水位，受洪涝威胁严重。主城区临近江河湖泊附近的平原防洪城市和位于平原水网区的平原防洪城市，外洪对其威胁最大，这类城市的防洪问题一般不能完全自行解决，加之城市周边地区的防洪能力难以整体提高以满足城市防洪的要求，因此，需要建设自成系统的防洪设施，如防洪圈堤等来保证城市的防洪安全。城市防洪圈的建设，使得城市防洪安全保障体系更加完善，进一步提高城市整体防洪能力，对城市防洪和保障人民生命财产安全将起到重要作用。目前，我国已建成的城市防洪保护圈的城市有海河流域的天津、太湖流域的无锡、嘉兴等大中城市。

17 什么是洪水风险图

洪水风险图是能够直观表现防洪区内洪水风险特征的一系列地图的总称，分为表现洪水淹没范围、淹没水深、淹没历时、洪水流速、洪水到达时间等物理特征的洪水淹没基础图集，以及在此基础上为国土规划、城乡建设规划、防洪规划、防汛抗洪、洪水保险、洪水影响评价、洪水风险宣传教育等提供特定风险信息的各类专题图（彩图 5）。

洪水风险图可以广泛地应用于洪水保险、洪泛区管理、洪水避难、灾害预警、灾情评估、洪水影响评价、提高公众的洪水风险意识等方面，是进行洪水管理的科学依据之一。

18 什么是洪水影响评价

洪水影响评价是对洪水造成的损失及其影响进行评价。洪灾损失不仅指经济损失，还应包括生命、生态环境的损失。因此，洪水影响评价是对洪水所引发的直接和间接影响的综合评价，它是防洪减灾非工程措施的组成部分，对于洪灾损失评估、灾后重建以及未来的防洪决策具有重要意义。

洪水影响评价制度的主要政策措施有：一是在防洪区内的建设项目办理立项审批、核准或者备案等手续时，附具经审查批准的洪水影响评价报告；二是建设项目在开工前应制定施工度汛方案，报防汛指挥机构审批；三是建设项目投入生产或者使用前，其防洪工程设施需要进行验收；四是对规模大的或多个项目造成群体影响的建设项目，要组织进行洪水影响评价后评估。对影响大的，应采取改进或补救措施。

通过上述措施加强洪水涉及区域建设项目的管理，可有效规范人类涉及防洪的各项社会活动，减轻洪涝灾害的损失及影响。

19 防洪基金与洪水保险有哪些不同

“防洪基金”是指专门用于防洪保安的基金。该基金的来源除各级政府专拨的防洪经费外，就是定期向防洪受益区内从事生产经营活动的集体和个人征收的专用资金。而“洪水保险”则是为洪灾造成损失补偿的一个险种。两者在性质、作用及管理方面存在一些不同。

（1）性质不同　从交费者角度看，防洪基金是受益区内从事生产经营活动的集体和个人分担的部分防洪费用。而从国家角度看，防洪基金是从修建防洪工程或实施防洪措施所获效益中逐年回收的部分投资。因此交纳防洪基金是受益者的责任和义务。而洪水保险是社会互助性质的、受灾后的补偿办法，是一种非工程防洪措施，自愿互利是洪水保险的基本原则。从时间上看，洪水保险是群众在未遭水灾年份积累一定的保险金供遭灾后补贴生活、恢复生产之用。从空间上看，是用未遭洪灾的地区的保险金来补偿受洪灾地区的部分损失。

（2）作用和使用范围不同　洪水保险主要用于洪灾发生后补助投保人恢复生产生活。而防洪基金的作用则比洪水保险大得多，既可以用于防洪工程的维修加固、运行管理，又可用于新建防洪工程，还可用于救灾赔偿。

（3）管理的部门不同　洪水保险由保险公司经营，投保者受灾由保险公司理赔。防洪基金则可由防洪主管部门、河道主管机关或地方财政部门管理。

20 防汛抗洪新技术有哪些

近年来，我国各级防汛部门在加强各种防汛基础设施建设的同时，也加大了在防汛抗洪新技术方面的投入，这些新技术主要包括：

（1）计算机网络技术的应用　目前，已在全国范围内形成了防汛专网，为实现电子政务系统、建设防汛水利数据中心提供了良好的网络平台。

（2）通讯技术的应用　现代通信技术主要包括数字微波通信、卫星通信、光纤通信、短波、超短波通信及移动通信等，它们在全国防汛水情信息传递中起到了至关重要的作用。

（3）实时水情信息查询系统的应用　该系统可检索查询实时雨水情信息、含沙量信息、水库信息、报汛站基本信息以及分析统计结果，还可绘制雨量分布图、洪水过程线图、水面线图等。

（4）洪水预报、预警系统的应用　该系统可延长洪水预见期，提高预报精度，为洪水资源化提供准确的决策信息，推进水资源的可持续利用。

（5）防汛可视会商系统的应用　可视会商业务系统是随着多媒体技术与通信技术相结合而逐渐发展起来的。通过水情可视会商系统，国家、省防办及省局可以根据实际情况，及时安排部署防汛抗洪救灾工作。

（6）防汛决策支持系统的应用　该系统是以系统工程、信息工程、专家系统、决策支持系统等技术为手段开发建立的。不但实现了防汛管理信息的查询和部分地区的水资源综合信息查询，而且可以对防汛重点位置进行视频监控，及时采集各类遥测、报汛站的汛情，还可以提供气象云图动态播放、站内搜索等功能。

（7）防汛抗旱指挥调度系统的应用　该系统具有会议大屏幕显示、可视电话、报汛告警、调度指挥、计算机控制、现场指挥等功能。主要由图像显示处理分系统、会务管理分系统、集中控制分系统、通信交换分系统、数字演播分系统等部分组成。

小结

本章重点介绍有关洪涝灾害的一些具体防治措施，包括防洪工程措施和非工程措施。其中，防洪工程措施是为控制或抵御洪水以减免洪水灾害而修建的工程，主要包括水库、堤防、防洪墙、分洪蓄工程、河道整治工程等；非工程防洪措施是指通过法令、政策、经济和防洪工程以外的技术手段，减少洪水灾害损失的措施，主要包括防洪的工程管理、信息管理、组织管理、防洪的决策、指挥与调度，以及防洪的立法与执法等。通过本章的介绍，我们可以了解水库、蓄滞洪区等工程措施的功能，也可以了解与洪水相关的法律法规、洪水预报、洪水风险图、应急预警等防洪非工程措施的作用。

第六章

国外的防洪减灾措施

随着人类经济社会的不断发展，洪涝灾害所造成的经济损失与日俱增。面对全球不断发生的严重洪涝灾害，我们不得不重新思考人类应当如何面对洪水，如何学会与洪水长期共处。20世纪以来，人们从最初的“唯堤政策”、“人定胜天”，逐渐向“给洪水以空间”、“人水和谐”的治水理念转变，人们不再一味地盲目追求“控制洪水”，而是理性地通过多种工程措施与非工程措施相结合的方式来管理洪水。欧美、日本等发达国家创造性地提出了很多先进理念以及措施，对于我国在防洪减灾方面具有一定的借鉴意义，在本章对其中具有代表性的案例进行简要的介绍。

1 国外的蓄滞洪区

“给河流以空间”是目前水资源可持续管理的重要理念，蓄滞洪区作为能够实现这一理念的防洪措施，越来越受到世界各国的重视。美国、日本及欧洲许多国家纷纷设置蓄滞洪区，以解决国内的洪水问题。

美国的蓄滞洪区是在1927年密西西比河大洪水之后建立起来的。为处理超过河道泄洪能力的洪水，美国在密西西比河下游设置了多处蓄滞洪区。其中，新马德里蓄洪区面积约600平方千米，目的是为了保护密西西比河以及俄亥俄河沿岸城市。该蓄洪区在1973年和1993年洪水期间，发挥了重大作用。

日本的蓄滞洪区面积较小。区内土地由国家收购，不能在其中建设住宅，个人没有土地使用权，区内的分洪、退水设施比较完善。除汛期分洪外，平时可作为自然保护区，有的已开发成公园，可在其中野营、垂钓、休闲等。

渡良濑蓄滞洪区是日本最大的蓄滞洪区，总面积 33 平方千米，位于日本最大河流利根川的中部。历史上，渡良濑蓄滞洪区附近为沼泽湿地，地势低洼，是天然的洪水蓄滞之处。1973 年起，日本对渡良濑蓄滞洪区开始了综合开发利用，使蓄滞洪区除具有防洪功能外，还发挥了改善生态环境、净化水质、休闲娱乐、美化景观、调节河道径流和供水等功效。2001 年 15 号台风之际，渡良濑蓄滞洪区按照规划运用，保障了利根川和下游城市的安全。此外，渡良濑蓄滞洪区建成后，还成为人们旅游、观光的好去处（图 6–1）。

欧洲国家的蓄滞洪区建设也考虑了多方面的综合效益。在法国，一般是将城市较低的地区或河道两岸滩地开辟成公园、绿地、球场、停车场、道路等，平时为娱乐场所，有洪水时作为调蓄洪水的场所。与法国类似，德国的蓄滞洪区平时作为自然公园使用，一旦洪水来袭时，又可以蓄滞洪水，削减洪峰。

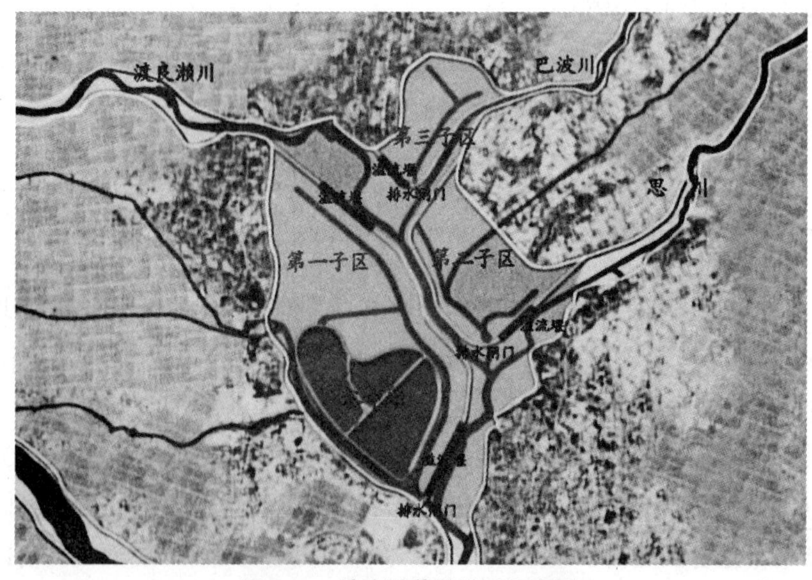

图 6–1　渡良濑蓄滞洪区示意图
（图片来源：中国水利水电科学研究院）

2 日本的城市雨洪调蓄体系

日本政府规定：在城市中每开发1平方千米土地，应附设500立方米的雨洪调蓄池。目前，日本的城市广泛利用公共场所，甚至住宅院落、地下室、地下隧洞等一切可利用的空间调蓄雨洪，减免城市内涝灾害。具体措施如下。

（1）降低操场、绿地、公园、花坛、楼间空地的地面高度，一般使其较周边地面低0.5 ~ 1.0米，在遭遇较大降雨时可蓄滞雨洪，雨后排出，2 ~ 3天后恢复正常使用。

（2）利用停车场、广场，铺设透水路面或碎石路面，并建有渗水井，使雨水尽快渗入地下。

（3）在运动场下修建大型地下水库，并利用高层建筑的地下室作为水库调蓄雨洪；动员有院落的住户修建水池将本户雨水贮留，作为庭院绿化和清洗用水。

（4）在东京、大阪等特大城市建设地下河，直径10余米，长度数十千米，将低洼地区雨水导入地下河，排入海中。

（5）为防止上游洪水涌入市区，在城市上游修建分洪水路，将水直接导至下游，在城市河道狭窄处修筑旁通水道。

3 超级堤防

日本是最早建设超级堤防的国家。由于日本土地十分宝贵，即使是在农村地区，也难以获得土地来修建蓄滞洪区和分洪渠。因此，当今日本防洪工程建设的重点放在加高现有大坝和堤防、整治河道、疏浚河床等工作上。另外，由于日本经济和社会高度依赖于非自然状态的城市和工业活动。城市和工业活动一旦被洪水淹没，将给人民生活和经济以致命打击。为了确保这些大都市在超标准洪水的情况下也不会遭受毁灭性的破坏，日本从1985年开始在东京附近的利根川和荒川以及大阪附近的淀川等5个水系6条河流中修建高规格堤防，其堤顶宽度一般为堤顶高度的30倍（100米以上），在超标准洪水下出现漫顶也不会发生溃堤。因为超规格堤防的堤顶宽度一般为 100 米以上，堤顶上可以修建住房和景观设施等，以便提高土地空间的有效和合理利用（图 6–2，图 6–3）。

图 6–2　日本 Sumida 河的超级堤防

（图片来源：www.kensetsu.metro.tokyo.jp）

图 6–3　日本阿拉卡瓦河的超级堤防

（图片来源：Supper Levees Guidebook，Araka–Karyu River Office）

4 缺口堤防

“恢复河流的自然面貌”是当前欧洲和北美河道生态修复和洪水风险管理的共同目标与策略。将刚性堤防后退或去除，建设缺口堤防，以恢复滨河缓冲带，这种方式不仅可以有效降低洪水风险，而且有助于培育滨河湿地、改善滨河生态环境，并为人们提供不可多得的贴近自然的公共开放空间。

多年的治水，使荷兰人逐渐认识到环境保护的重要性。修建拦海大坝时，荷兰不仅尽量避免挖土筑坝，甚至不惜成本从国外进口石块。三角洲工程中的部分大坝也修建成了半闭合式的、留有缺口的闸门，以保护当地的野生动物栖息区和贝类水生动物（图 6–4）。

5 给洪水以空间

减轻洪涝灾害需要在一定程度上控制洪水，更需要的是给洪水以出路。通过规范人类自身活动，调整工农业生产布局，防止侵占行洪通道，给洪水

图 6-4　洪水通过堤防缺口进入洪泛区

（图片来源：http://images.google.co.uk）

以调蓄的空间，减少洪水灾害发生的社会动因，实现人类与洪水和谐相处，以达到趋利避害、减少洪水灾害损失的目的。

20 世纪 90 年代初，美国提出了“给洪水以空间”的新理念，在 1993 年密西西比河大水后，成为美国洪泛区管理的一种新的动向，并在一些洪泛区开始实施。与此同时，在欧洲，德国也开始改变以往的做法，拆除大堤，让河水重新流回蓄洪区、湖泊中。荷兰也逐渐认识到筑堤只是被动的治水方式，“还河流以弹性”才是治水大计。为此，荷兰专门启动了“给河流空间”项目。近年来，我国也明确提出了“适当扩大洪水出路，增加洪水调蓄空间”的治水新思路，并在长江流域迁移了 1 460 多个洲滩圩垸内的居民，用以增加河湖调蓄洪水的能力，增加调蓄洪水的容积约 130 亿立方米。同时，还在淮河干流废除了两岸大堤之间的一些行洪区，扩挖了中游的中小洪水行洪通道，有计划地疏浚江河河道、河口和通江湖泊的行洪通道，取得了显著的效益。

在“给洪水以空间”理念下，洪水已渐渐不再被人们视为“猛兽”。“调水调沙”、“雨洪利用”——人们正逐步实现由控制洪水向洪水管理的转变。历史经验告诉我们：要加倍爱护和保护自然，尊重自然规律，经济社会发展要充分考虑自然的承载和承受能力，保护自然就是保护人类自己。给洪水以出路，就是给人以生路；给洪水以出路，是人与自然和谐相

图 6–5　日本 Arakawa 河

（图片来源：The Arakawa:River of Metropolis, Arakawa-Karyu River office ,2004）

处的理性选择。人与洪水并非势不两立，人水和谐相处才是可持续发展的本质——实践使人们更加富于理性和睿智。日本 Arakawa 河的治理给我们提供了良好的范例（图6–5）。它通过规范人类自身活动，调整工业生产布局，防止侵占行洪通道，给洪水以调蓄的空间，减少洪水灾害发生的社会动因，较好地实现了人类与洪水的和谐共处，成功达到了趋利避害，减少了洪水灾害损失的目的。

6　泰晤士闸

泰晤士河防潮闸位于英国泰晤士河伦敦桥下游 14 千米的锡尔弗敦附近，是英国一项重要的防洪与通航建筑物。其任务是阻拦北海风暴潮涌进泰晤士河造成的大洪水，以保护伦敦市区的安全，同时维持该河的正常航运，使海轮能在涨潮期间直抵伦敦（图 6–6）。

泰晤士河防潮闸主体工程分两期进行。一期工程于 1975 年开工，二期工程开始于 1977 年，闸门于 1980 年 7 月开始安装，全部工程于 1982 年完成。防潮闸全长 578 米，共分 10 孔，中间 4 孔为主航道，南岸 2 孔为副航道，北岸 4 孔不通航。不挡潮时，全闸 10 孔可适应河水正常通过。闸门底部是圆形的，像 1/4 的月球形状。通常它们随轴转动，平躺在河床上，使船只可以从桥墩间通过。如果遇到任何洪水的威胁，18 米高的闸门可通过提升巨大

图 6-6　泰晤士河防潮闸

（图片来源：http://en.wikipedia.org/wiki/Thames_Barrier）

的摇杆卷轴来阻拦洪水。

7 荷兰防潮闸

荷兰位于西欧，濒临北海，全境地势低洼，有近 1/4 的国土面积在海平面以下。荷兰 20 世纪最突出的兴海工程有两项：一项是艾瑟尔湖工程；另一项就是三角洲工程，这项工程是迄今为止世界上最大的防潮工程。工程建设地点是荷兰西南部的韦斯特思尔德的新水道口上，这里地势低洼，河道纵横，上游水量丰盛，在汛期受风暴潮灾害严重。这个工程主要包括两扇巨大的防潮闸大门、平时存放防潮闸大门用的船坞、移动防潮闸大门及其供水排水的电力设施，以及计算机信息管理系统等几个部分。

这项防潮工程设计是按千年一遇的风暴潮来考虑的，为保证防潮闸门的正常运行功能，每年需在水道相对空闲时，演习一次。工程总投资约 9 亿美元，它的建成可使位于福克角三角洲以上的鹿特丹地区 100 多万居民免受风暴潮灾害之苦（图 6-7）。

图 6–7　荷兰麦斯兰科陵防潮闸
（图片来源：http://image.baidu.com）

8 密西西比河流域防洪体系

密西西比河流域洪水时有发生，据历史统计，其下游平均每 7 年发生一次较大洪水。为保护洪泛区生命财产安全，该流域制定了一系列防洪规划。

密西西比河流域以俄亥俄河汇入处依里诺斯州的开罗为界，分为上游和下游两部分：上游主要支流有密苏里河和依里诺斯河，皆于开罗附近分别从密西西比河左右汇入干流。除密苏里流域外，各地虽有本地的防洪规划，但没有综合的流域防洪规划。已建的水库、堤防、防洪墙等防洪设施既有地方性的也有联邦管辖的；下游包括干流和俄亥俄河、阿肯色河等支流，因“密西西比河与三角洲工程规划”的制定，与上游不同，形成了综合的流域防洪规划体系。三角洲工程规划中的防洪体系由水库、堤防、分洪道和河道整治等工程构成，基本上由联邦建设（图 6–8）。

图 6–8　从空中拍摄的密西西比河流域
（图片来源：http://images.google.cn）

小结

本章重点介绍了欧美、日本等发达国家在防治洪涝灾害方面所提倡的先进理念，以及采取的一些值得借鉴的措施。“给洪水以空间”的理念，是实现人类与洪水和谐相处，以达到趋利避害、减少洪水灾害损失的积极有效的防洪措施，越来越受到世界各国的重视。给洪水以出路，是人与自然和谐相处的理性选择，而人水和谐相处也正是可持续发展理念的实践。在“给洪水以空间、以出路”的理念下，使得人们更加清楚地认识到“保护自然，尊重自然规律”的意义。日本的城市雨洪调蓄体系、荷兰等国的缺口堤防均体现了人们珍惜水资源、改善生态环境、恢复河流自然面貌的美好愿望。

第七章
洪涝灾害来临我们怎么办

洪涝灾害的防治，除了需要政府和各相关专业部门的努力外，还离不开每个可能受洪涝灾害影响的人们的共同努力。在遇到洪涝灾害或者在洪涝灾害易发区活动时，了解一些必要的自救常识能够有效地帮我们逃离险境。本章结合一些实际的情形来告诉大家洪涝灾害来临时我们应该怎么办。

1 住宅被淹时如何避险

这种情况一般是针对洪泛区低洼处来不及转移的居民，其住宅常易遭洪水淹没或围困。假如遇到这种情况，通常有效的办法：一是安排家人向屋顶转移，并尽量安慰稳定好他们的情绪；二是想方设法发出呼救信号，尽快与外界取得联系，以便得到及时救援；三是利用竹木等漂浮物将家人护送漂移至附近的高大建筑物上或较安全的地方。

2 住在山洪灾害易发区应注意什么

进入汛期后，山洪灾害易发区的居民，要随时提高警惕，紧绷防御山洪灾害这根弦，绝不能麻痹大意。经常收听收看气象信息和相关部门发布的灾情预报，密切关注和了解所在地的雨情、水情变化，做到心中有数。居住地属于危险区的居民，必须事先熟悉居住地所处的位置和山洪隐患情况，确定好应急措施与安全转移的路线和地点；勤于观察房前屋后是否有山体开裂、沉陷、倾斜和局部位移的变化；是否有井水浑浊、地面突然冒浑水的现象；是否有动植物出现异常反应等。发现明显的前兆，要沉着冷静，千万不要慌张，迅速果断地撤离现场。撤离现场时，应该选择安全的路线沿山坡横向跑开，千万不要顺山坡或山谷出口往下游跑。居住在警戒区的居民，也应随时做好抢险救灾、安全转移的必要准备，特别是现金应尽量存入银行，不要藏于家中。

3. 遭遇山洪时如何报警

山洪灾害往往是始发于某一地点或部位，迅速形成洪水、泥石流，袭击下游沿线，该地的监测责任人或第一个发现灾害的村民能否在山洪灾害初发时快速、准确地报警，对于减免山洪灾害造成的损失至关重要。首先在平时应做好宣传训练，使群众了解熟悉报警信号和应对办法；一旦险情来临或山洪初发，监测责任人或第一个发现灾害的村民，马上采取急骤鸣锣、打电话、拉报警器等预先设定的群众知道的信号，责无旁贷地迅速向下游村组、农户报警，同时向当地政府及防汛部门报告，以便政府和防汛部门立即向下游更大范围施放警报、广播通知或通讯警报，组织抢险救援。

4. 外出旅游时遭遇山洪怎么办

现在外出旅游的人越来越多，但是在旅游中如何防御山洪灾害，知之者却甚少。一般来说，在山洪灾害多发季节不宜到山洪灾害频发区旅游。外出旅游前，旅行者要充分了解目的地的地质情况，在不熟悉的山区旅行，要有向导，要避开山洪灾害频发地区和地质不稳定地区，并随时收听、收看当地气象预报，合理安排好自己的旅游行程。

一旦遭遇山洪袭击，首先要迅速判断现场环境，一定要尽快离开低洼地带，马上寻找较高处，选择有利地形躲避；躲避转移未成时，应选择较安全的位置固守等待救援，并不断向外界发出救援信号，及早求得解救。二是要与其他被困旅客保持集体行动，听从管理人员的指挥，不单独行动，避免情况不明陷入绝境。三是如能及早脱险，应迅速向当地管理部门报警，并主动服从当地有关部门指挥，积极参加救援行动。另外，正值山洪暴发前后千万不能轻易涉水过河。

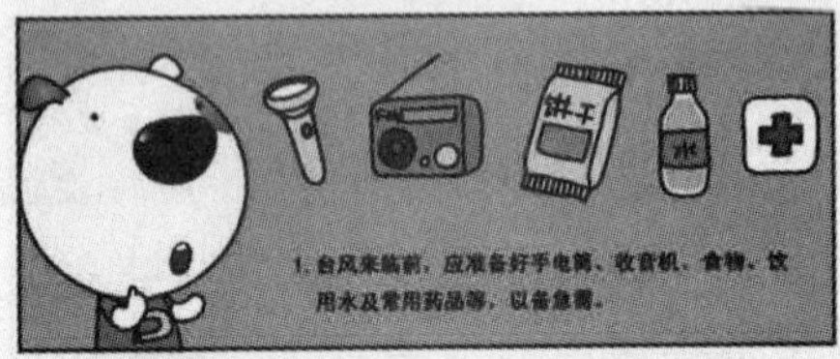

图 7-1　台风袭来的应对方法

5　台风袭来怎么办

台风给广大地区带来了充足的雨水，成为与人类生活和生产关系密切的降雨系统。但是，台风也总是带来各种破坏，它具有突发性强、破坏力大的特点，是世界上最严重的自然灾害之一。台风影响区的居民应该如何应对台风灾害呢（图 7-1）？

（1）留意媒体发布的台风消息，采取预防措施。检查电路、煤气等设施是否安全。台风来临前准备好手电筒、收音机、食物、饮用水及常用药品等，以备急需。

（2）台风袭来时，切勿在玻璃门窗、危棚简屋、临时工棚附件及广告牌、霓虹灯等高空建筑物下面逗留。住在楼房中的居民，应关好窗户，取下悬挂物，收掉阳台上的东西，尤其是花盆等重物，并加固室外易被吹动的物体。这是因为强风会吹落高空物品，造成砸伤砸死事故。

（3）尽量避免在河边和桥上行走。行人在路上、桥上、水边容易被吹倒或吹落水中，导致摔死、摔伤或溺水身亡。

（4）听从指挥并及时撤离。台风暴雨容易引发洪水及山洪、泥石流、滑坡等次生灾害，导致村庄、房屋、船只、桥梁、游乐设施等受淹，甚至被冲毁，造成生命财产损失。一旦水利工程发生险情，可能受影响范围内的群众要听从当地政府和防汛部门指挥，迅速及时地转移。

6 遭遇洪水围困时怎样求救

如果被洪水围困在基础较牢固的高岗台地或砖混结构的住宅楼房，只要有序固守等待救援或等待陡涨陡落的山洪消退后即可解围。如果被洪水围困在低洼处的溪岸、土坎或木结构的住房里，情况危急时，有通讯条件的，可利用通讯工具向当地政府和防汛部门报告洪水态势和受困情况，寻求救援；无通讯条件的，可制造烟火或来回挥动颜色鲜艳的衣物或集体同声呼救，不断向外界发出紧急求助信号，求得尽早解救；同时要寻找体积较大的漂浮物，主动采取自救措施。

7 怎样救助被洪水围困的人群

由于山洪汇集快、冲击力强、危险性高，所以必须争分夺秒救助被洪水围困的人群。任何一个社会公民，当接到被围困人员发出的求助信号时，首先应以最快的速度和方式传递求救信息，报告当地政府和附近群众，并在保证自身安全的情况下积极投入解救行动；当地政府、防汛指挥部门和其他基层组织接到报警后，应在最短的时间内组织带领抢险队伍赶赴现场，充分利用各种救援手段全力救出被困人群；行动中要不断做好被困人群的情绪稳定工作，防止发生新的意外；要特别注意防备在解救和转送途中有人重新落水，要给解救人员和被困人员都穿上救生衣，以防发生意外情况，确保全部人员安全脱险；还要仔细做好脱险人员的临时生活安置和医疗救护等保障工作。

8 洪水灾害期间易发生哪些疾病

灾区卫生条件差，特别是洪涝灾害多发于高温季节，各种诱发疾病危险因素很多，饮用水卫生难以保障，很容易引起多种疾病的发生和传染病的爆发与流行。

洪涝灾害后易发生的疾病有：伤寒、痢疾、霍乱、病毒性肝炎、疟疾、乙脑、流行性出血热、血吸虫病、钩端螺旋体病等传染病，以及急性胃肠炎、食物中毒等。

由于洪水的冲刷污染了生活用水和居住地，造成了生活环境的严重污染：蚊蝇的大量孳生繁殖；室内受淹，食品容易发霉变质。以上这些因素均易给人体的健康带来危害，特别是容易发生肠道传染病的爆发与流行。

9 如何做好灾后的防疫救护工作

所谓“大灾过后有大疫”，大灾过后往往容易伴随疫情发生，要确保灾后人员安全，应积极做好灾后的疫病防治工作，全面开展受灾地区及转移安置点上的医疗防疫救护工作。

（1）认真做好房屋、水井及周围环境的灭菌消毒。

（2）做好临时安置点的卫生工作，加强对粪便、农药及鼠药等的管理，特别重视食品和饮用水的安全检查。

（3）密切掌握灾民的疫病动态，做好人群的紧急预防注射，提高灾民的免疫能力。

（4）积极做好伤员的救护治疗和现场抢救治疗，严重者及时转送急救站或附近医院治疗。

10. 灾区群众如何保护自身健康，减少疾病发生

根据中国疾病预防控制中心的洪涝灾害卫生防病知识要点，洪灾期间和灾后，为保护自身健康、减少疾病发生，灾区群众应做到如下几点。

（1）注意饮用水卫生。不喝生水，只喝开水或符合卫生标准的瓶装水、桶装水；装水的缸、桶、锅、盆等必须保持清洁，并经常倒空清洗；对取自井水、河水、湖水、塘水的临时饮用水，一定要进行消毒；混浊度大、污染严重的水，必须先加明矾澄清；漂白粉必须放在避光、干燥、凉爽处。

（2）注意食品卫生。不吃腐败变质或被污水浸泡过的食物；不吃剩饭剩菜，不吃生冷食物；不吃淹死、病死的禽畜和水产品；食物生熟要分开；碗筷要清洁消毒后使用；不要到无卫生许可证的摊位购买食品。

（3）注意环境卫生。洪水退去后，应清除住所外的污泥，垫上砂石或新土；清除井水污泥并投以漂白粉消毒；将家具清洗后再搬入居室；整修厕所，修补禽畜圈；不随地大小便，粪便、排泄物和垃圾要排放在指定区域。

（4）加强家畜的管理。猪要圈养，搞好猪舍的卫生，不让其尿液直接排入河水、湖水、塘水中，猪粪等要发酵后再施用；管好猫、狗等家禽动物；家畜家禽圈棚要经常喷洒灭蚊药；栏内的禽畜粪便要及时清理。

（5）做好防蝇灭蝇、防鼠灭鼠、防螨灭螨等媒介生物控制工作。粪缸、粪坑中加药杀蛆；室内用苍蝇拍灭蝇，食物用防蝇罩遮盖；动物尸体要深埋，土层要夯实；当发现老鼠异常增多的情况及时向当地有关部门报告。保持住屋和附近地面整洁干燥，不要在草堆上坐卧、休息。

（6）注意手部清洁，不用手、尤其是脏手揉眼睛。各人的毛巾、脸盆、手帕应当单用，如果不得不与传染病人共用脸盆，则应让健康人先用，病人后用，用完以肥皂将脸盆洗净。

（7）如果感觉身体不适，要及时找医生诊治。特别是发热、腹泻病人，要尽快寻求医生帮助。

（8）在血吸虫病流行区，不接触疫水是预防血吸虫病最好的方法。接触疫水前，在可能接触疫水的部位涂抹防护药，如防铡霜和皮避敌等，穿戴防

护用品，如胶靴、胶手套、胶裤等；接触了疫水应主动去血防部门检查，发现感染应及早治疗，以防止发病。

本章重点介绍了遇到各类洪涝灾害时，我们应该怎么办，包括住宅被淹、遇到山洪、台风以及被洪水围困时应该怎么办，还介绍了洪水灾害期间易发生的疾病以及如何做好灾后防疫救护工作等。相关部门的防治很重要，受灾人员的应对同样是至关重要的。通过本章的阅读，我们可以做到遇到洪涝灾害心不慌，从容应对洪涝灾害，从而把灾害造成的损失降到最低。

第三篇
干旱灾害

在这一篇里，我们主要介绍与洪涝恰好相反的情况，也就是降水相对较少时发生的干旱及干旱灾害。干旱灾害虽然发生缓慢，不易察觉，但造成的影响十分广泛，损失十分巨大，在人类社会生存和发展的进程中产生过异常深远的影响。在与旱魔不断抗争的过程中，人类运用聪明智慧，采用了许多有效的应对措施。

第八章 干旱概述

在干旱灾害篇的开头，我们有必要先把干旱及干旱灾害的相关基本概念和基本原理弄清楚。这些概念中，有些是被人们经常误解和忽视的。

1 干旱、旱情与旱灾的区别是什么

在现实工作中，常常见到这样的说法“干旱是世界上普遍发生的一种自然灾害”、“干旱是影响我国农业生产的一种严重自然灾害”等。这些说法是将干旱和干旱灾害混为一谈。事实上，干旱、旱情和干旱灾害是不同的概念，具有不同的内涵。

干旱是由水分的收入与支出或供给与需求不平衡形成的水分短缺现象，是一种由气候变化等引起的随机的、临时的水分短缺现象，可能发生在任何区域的任意一段时间，既可能出现在干旱或半干旱区的任何季节，也可能发生在半湿润甚至湿润地区的任何季节。

旱情是干旱的表现形式和发生、发展过程，包括干旱持续时间、影响范围、发展趋势和受影响程度等。

干旱灾害，即旱灾，是指由于降水减少、水工程供水不足引起的用水短缺，并对生活、生产和生态造成危害的事件。由于旱灾具有渐变发展的特点，其影响具有积累效应，开始时间和结束时间难以准确判定。在现代社会，由于采取了许多防旱抗旱减灾措施，旱灾一般不会对人类社会造成直接的人员伤亡及建筑设施的毁坏，但带给人类社会的影响和损失却非常巨大。

干旱、旱情和旱灾是水分短缺这一自然现象在其发生发展过程中所表现出的三个不同阶段，既相互联系又相互区别。干旱是一种自然因素偏离正常状况的现象，是旱情和旱灾的主要诱因之一，而旱情和旱灾是指随着干旱的继续发展对经济社会的影响和破坏。

2 干旱分几类

按照不同的分类方法，干旱可以分成不同的种类。

（1）按干旱的形式分类 干旱可以分为农业干旱、城市干旱和生态干旱。①农业干旱是指因降水或存蓄水量不足，不能满足农作物及牧草正常生长的需求，而发生的水分短缺现象。②城市干旱是指城市因遇到特大枯水年和连续枯水年，造成供水水源不足，实际供水量低于正常供水量，致使正常生产活动、生活用水受到影响的现象。由于城市生活、生产供水保证率相对是很高的，所以只有在降水特别少或者连续几年降水很少的年份，才会出现城市供水不足的现象。③生态干旱是指湖泊、湿地、河网等主要以水为支撑的生态系统，由于天然降水偏少，江河来水量减少或地下水位下降等原因，造成湖泊水面缩小甚至干涸、河道断流、湿地萎缩或消失，咸潮上溯，从而使原有的生态功能退化或丧失，生物种群数量减少甚至灭绝的现象。

（2）按照干旱发生的季节分类 干旱可分为春旱、夏旱、秋旱、冬旱和两季或三季连旱，在后面的问题中再具体介绍。

（3）按干旱的成因分类 干旱可以分成气象干旱、水文干旱、农业干旱和社会经济干旱。①气象干旱又称为大气干旱，是由降水和蒸发的收支不平衡造成的异常水分短缺现象。由于降水是主要的水收入项，因此通常以降水的短缺程度作为干旱指标。②水文干旱是由降水和地表水或地下水收支不平衡造成的异常水分短缺现象。由于地表径流是大气降水与下垫面调蓄的结果，所以通常利用某段时间内径流量、河流平均日流量、水位等数据小于一定数值作为干旱指标，或采用地表径流与其他因子组合成多因子指标来分析干旱。③农业干旱是由外界环境因素造成作物体内水分失去平衡，发生水分亏缺，影响作物正常生长发育，进而导致减产或失收的现象。农业干旱涉及土壤、作物、大气和人类对资源利用等多方面因素，所以是这几类干旱中最复杂的一种。④社会经济干旱是指自然系统与人类社会经济系统中水资源供需不平衡造成的异常水分短缺现象。社会对水的需要通常分为工业需水量、农业需水量、生活与服务行业需水量。如果需大于供，则会发生社会经济干旱。上述四类干旱中，气象干旱是基础，气象干旱往往以农业干旱、水文干旱和社会经济干旱三种不同形式表现出来。

（4）根据影响地域的不同　干旱可分为平原干旱、山区干旱或农区干旱、牧区干旱；根据干旱影响的时间长短和特征不同可分为永久性干旱、季节性干旱、临时干旱和隐蔽干旱。

3 一年四季都会旱吗

前面已经提到，按照干旱发生的季节可分成春旱、夏旱、秋旱、冬旱和两季或三季连旱。也就是说，干旱可能发生在各个季节，而且可能连续发生在多个季节。

春旱是指一年中 3 ~ 5 月期间发生的干旱。春季正是越冬作物（秋季播种，幼苗经过冬季，到第二年春季或夏季收割的农作物）返青、生长、发育和春播作物（春天播种的作物）播种、出苗的季节，特别是北方地区，春季是“春雨贵如油”、“十年九春旱”的季节。一旦降水量比正常年份偏少，发生严重干旱，不仅影响夏粮（夏天收获的粮食）产量，还会造成春播基础不好，影响秋作物生长和收成。

夏旱是指一年中 6 ~ 8 月发生的干旱，三伏期间发生的干旱又称为伏旱。夏季是晚秋作物播种和秋收作物生长发育最旺盛的季节，气温高、水分蒸发大，夏旱会造成土壤基础含水量不足，影响秋作物生长甚至减产，还会影响到下一季作物（如冬小麦等越冬作物）的生长。这期间正是雨季，长时间干旱少雨，水库、塘坝蓄不上水或蓄水不足，也会给冬春用水造成困难。

秋旱是指一年中 9 ~ 11 月发生的干旱。秋季是秋作物成熟和越冬作物播种、出苗的季节，秋旱不仅会影响当年秋粮产量，还影响下一年的夏粮生产。

冬旱是指一年的 12 月至翌年 2 月发生的干旱。冬季雨雪稀少不仅影响越冬作物的安全越冬，还将影响来年春季的农业生产。

连旱是指两个或两个以上季节连续受旱，如春夏连旱，夏秋连旱，秋冬连旱，冬春连旱或春夏秋三季连旱等。由于我国幅员辽阔，降水的时空分布十分不均匀，各地区作物的生长季也不同，所以，降水稀少可能会发生在任何季节，任何季节发生干旱都可能会影响某些地区作物的生长。

4. 城市缺水与城市干旱是一回事吗

城市缺水是由自然和人为原因造成的供水不能够满足需求的一种不平衡现象。我国城市缺水的类型按照引起缺水的原因大致分成资源型缺水、工程型缺水、水质型缺水和综合型缺水四种。

（1）资源型缺水是由于水资源不足，城市生活、工业和环境需水量等超过当地水资源承受能力所造成的缺水。我国北方和沿海缺水城市如廊坊、太原、大连和青岛等城市属于这种类型。

（2）工程型缺水是指当地有一定的水资源条件，但由于缺少水源工程和供水工程，供水不能满足需水要求而造成的缺水。西安、大庆、淄博和三亚等城市属于这种类型。这些城市如果建有良好的供水工程，缺水问题就会解决。

（3）水质型缺水是指受上游污水排放影响的下游城市和受本区污水排放影响的平原河网区城市，由于水源受到污染，使水质达不到城市用水标准而造成的缺水。蚌埠、上海、苏州等城市属于这种类型，这几个城市都处于河流的下游，水源被上游污水污染，有水而不能用。

（4）综合型缺水是由前述两种或两种以上因素综合作用而造成的缺水。如山西晋城、宁夏石嘴山等城市属于这种类型。

总之，城市缺水是一个非常普遍的现象，它是由很多因素共同作用的结果，而干旱是偶发的，只是短期缺水的原因之一。

城市干旱与城市缺水的区别主要有以下三个方面：

一是产生的原因不同。城市干旱的主要原因是降水、径流持续偏少和突发事件，导致城市供水水源异常减少。而城市缺水原因相对复杂，可以是资源型缺水、水质型缺水、工程型缺水及综合型缺水等。

二是在时间上表现不同。城市干旱是阶段性的，城市缺水则是相对长期性的。

三是解决的对策不同。城市干旱侧重于通过应急措施解决，而城市缺水则需要通过工程与非工程措施综合解决。

5 我国的干旱地区都分布在哪里

我国各地降水量的多寡，是随着距海远近不同而不同的。西北地区深居内陆，四周远离海洋，湿润的海洋气流难以到达，自古就有“春风不度玉门关”之说。因此，西北地区的降水量远比同纬度其他地区少，成为中国最干旱的地区。最干旱少雨的地方是吐鲁番盆地西部的托克逊，年平均降水量是6.3毫米，其中1968年全年降水仅0.5毫米，成为全国最少降水的记录。

我国属于东亚季风气候区，降水量由于受海陆分布、地形条件和东南及西南季风的影响，在地区上分布很不均匀，年降水量由东南沿海向西北内陆递减，形成东南多雨和西北干旱的地带性分布。以250毫米、500毫米和800毫米的年降水量作为干旱—半干旱—半湿润—湿润气候区的分界线。根据综合气候和水文状况等方面的特点，可以把我国大体上划分为干旱地区、半干旱地区和水分较为充足地区三种类型（彩图6），我们仅讨论干旱和半干旱地区。

我国的干旱地区，主要包括新疆、青海、甘肃、宁夏、陕西北部、内蒙古西部和北部、西藏雅鲁藏布江以西部分、云贵高原西部。由于年降雨量稀少（仅为100 ~ 200毫米）、蒸发量极大（多年平均值达1 000 ~ 2 000毫米），灌溉在农牧业生产中占极重要的地位，绝大部分地区如果没有灌溉工程，就很难保证农牧业生产正常进行。

半干旱地区，主要包括华北平原、黄河中游黄土高原、东北松辽平原、淮北平原以及内蒙古的南部地区，这里是我国的主要粮食和棉花产区。虽然这一地区的大部分年平均降雨量为 500 ~ 700 毫米，在平均数量上可以满足作物的大部分需水要求，但由于年与年之间变差大、且年内分布不均（全年降雨有 60% ~ 70% 集中在 6 ~ 8 三个月），因而发展灌溉，抵御干旱威胁，对保证农业高产、稳产十分重要。

6 近年来为何多雨的南方地区旱情也频频发生

在我们的认识中，南方降水量较丰富，河流湖泊也较多，但是近些年来，雨水相对丰沛的南方也频频发生干旱，这是怎么回事呢？南方地区的旱情主要受到什么因素的影响？

南方干旱的原因十分复杂，它与大气环流的年际变化和复杂地形有关，由于降水年际、年内变化大，地域分布不均，形成南方干旱的“块块旱，插花旱”的特点。另外，南方山区生态环境脆弱和人为因素也是不容忽视的。

形成南方干旱和特大干旱的主要原因之一是东亚大气环流的调整。我国境内气旋、气团、雨带活动是比较有规律的，但是异常情况也经常发生。南方地区的降水主要靠强对流天气，当冬季高纬度的冷空气强度过弱，不易南下，对流就不易形成，降水也就相应减少了。例如，2004 年 10 月之后，太平洋副热带高压天气系统的强度相当强，尤其是海南地区的南海高压天气系统的势力尤其强劲。在高压天气系统控制下，下沉气流较强，不利于降水的形成。而春天和夏天的时候，如果南方暖湿气团势力削弱，也会在某些年份遇到比较严重的干旱，如长江中下游地区 1959 年为“空梅”（没有黄梅天的梅雨季节），1978 年“梅雨”提前结束，1994 年也几乎为“空梅”，结果都形成了特大旱灾。有些年份，南方地区发生旱灾的面积甚至远大于发生水灾的面积，海南、广西和湖南等省，旱灾面积也都远大于水灾。当副热带高压过强，过早向北移动，副高中心控制的中原、华南区域出现长时期无雨或少雨天气，引起区域严重干旱。由于各地区副高的相对位置不同，旱情轻重各异。热带气旋是南方夏季水汽的来源，有些年份带来水汽过少，也会使降水偏少。

我国华南为红、黄壤土分布区，西南多石灰岩地貌，这两种土壤蓄水保水能力都很差。红壤地表水下渗很快，也很容易被冲刷流失；石灰岩土壤渗水差、多溶洞、水分流失快、保水性能也很差。南方的土壤不利于蓄水保水和调节气候，也是南方旱情重的重要因素。

另外，人为因素虽然不至于引起干旱，但是可以加剧干旱。例如，由于滥砍滥伐，森林覆盖率降低，森林的蓄水、保水作用逐渐丧失，从而导致生态环境恶化，旱情加剧，这是南方干旱的重要环境原因，与20世纪50年代比，湖南省森林面积减少近两成，森林积累量减少近四成。

7 为何我们常常身陷干旱之中却毫无察觉呢

干旱与洪水一样，是气候自然变化产生的结果，但干旱对区域社会经济系统和生态环境系统的影响会积累在一个相当长的时间内，这种影响往往没有明确的开始，有时也难以界定什么时候结束。干旱的这种不易察觉特性是由它的“渐变性”决定的。

干旱是“渐变性”灾害，与地震或暴雨等“突发性”灾害不同。气候的短期异常造成降水偏少是时常发生的现象，容易被我们忽略。干旱的累积效应即便对农业的直接影响也要等到3个月后才能表现出来，它对社会经济及生态环境等的间接影响则滞后更久才表现出来。而我们通常是通过干旱对环境和社会经济的影响来直观感知干旱的存在。所以会出现干旱实际已经开始，我们却还在争论是否会出现干旱的问题，而且也会出现干旱实际已近尾声或者结束，而还在争论严重的干旱将持续多久的问题。

基于干旱灾害与洪水、地震等其他灾害的差异，应对的方法也是不同的。防洪是短时间、集中性的；而抗旱是长期、大范围的。

8 旱涝急转是怎么回事

顾名思义，“旱涝并存”、“旱涝急转”指在同一季节内一段时间特别旱，而另一段时间突遇集中强降雨，又特别涝，引发山洪暴发、河水陡涨、外水入侵等灾害。旱涝交替现象的出现反映了旱涝极端事件在短期内的共存。如果发生了强“旱涝并存、旱涝急转”事件，则意味着期间既发生了旱灾又发生了涝灾，其带来的危害是可想而知的。旱涝急转极易造成人员伤亡、水库垮坝等重大经济损失。

某地区降水的季节内变化和某个季节内总降水量的多少一样重要，对水资源调配、工农业生产和人民生活同样具有重大影响。降水在季节内随时间的分布越不均匀，出现旱涝急转的可能性越大；反之，降水在季节内随时间分布越均匀，即越趋于“风调雨顺”。“旱涝并存”、“旱涝急转”现象正是降水季节内变化的典型代表，多发生于长江中下游地区的夏季。事实上，“旱涝并存”是由不同周期尺度的“旱涝急转”所构成。

不同的“旱涝急转”事件存在较大的年际差异，涉及的物理过程非常复杂，相关的物理机制可能同样存在较大的年际差异。例如，有的年份为旱转涝年，有的年份为涝转旱年，其成因必然存在差异。

21 世纪以来，我国发生过几次较明显的旱涝急转现象。2007 年 6 月，江南北部、江淮大部、华北北部、东北大部及海南、云南西北部、新疆、西藏部分地区降水偏少，其中辽宁东部、吉林中部东部、黑龙江东南部、内蒙古东南部等地偏少五成以上。7 月，江南、华南大部、华北、东北大部及宁夏、内蒙古中部东部降雨量偏少，其中江南中部南部、华南中部东部、黑龙江北部、内蒙古东北部、宁夏等地偏少五至八成。8 月，西南、江南等地前期来水偏枯，旱情显著，但后期受局部暴雨及 2007 年第 9 号台风“圣帕”登陆影响，部分中小河流水位上涨迅速，局部发生了大洪水或特大洪水。

2011 年，长江中下游地区 6 省发生了严重的春夏连旱，受旱区域十分集中，旱情发生在该地区的主汛期，又是春播春插的关键期，给粮食作物生长带来极大影响，由于抗旱水源短缺，旱情影响范围逐步从农业发展到人畜饮水。长江中下游的湖南、湖北、安徽、江西、江苏等地区由于抗旱水源持续消耗，河湖水位下降，农业旱情及人畜饮水困难迅速发展。6 月 3 日开始，长江中下游旱区结束了少雨局面，出现连日强降水过程，造成湖南、江西、贵州、浙江等地出现旱涝急转现象，发生不同程度洪涝灾害。湖北长江支流陆水发生较大洪水，陆水支流隽水发生超历史记录的特大洪水；湖南资水、湘江部分支流及江西修水、昌江上游发生超警洪水。长江干流监利以下江段及洞庭湖、鄱阳湖水位继续上涨，分别较前期最低水位抬升4米左右。

9 旱情严重程度用什么来衡量

通常，用旱情等级标准来描述旱情严重程度的级别，而旱情指标就是等级量化的直观表述。

干旱指标（指数）是旱情描述的数值表达。干旱等级是不同干旱指标转化为可以公度的用以衡量旱情严重程度的定量分级，是不可公度的干旱指标的归一化的表征。它们都不同程度地起着量度、对比和综合分析旱情的作用。

在农业方面，用模型可以模拟干旱的发生、发展和缓解过程，由模拟得到的作物全生长期、不同生长阶段、不同季节和农业年度的降水和土壤水状况，以及作物干旱缺水程度和缺水时间等一组干旱指标，可以较好地综合反映旱情发展过程的基本特征。此外，干旱模拟还可在作物缺水过程模拟的基础上，根据不同生长阶段缺水对作物产量影响程度的不同，进行不同生长阶段缺水引起作物减产量的模拟，以分析作物受灾的严重程度。

现行的干旱指标研究，多结合干旱特点和所掌握的资料条件来建立不同形式的干旱指标。例如，以降水距平、无雨日数和以降水与蒸发的比值等一类的气象干旱指标；以土壤含水量与作物适宜含水量比较而得出的土壤墒情特征为一类的农业干旱指标；以河川径流低于一定供水要求的历时和不足量等特征为一类的水文干旱指标；以人类社会经济活动产生的水资源供需不平衡等特征为一类的经济干旱指标。上述指标虽不能表述旱情的发生发展过程，但能在不同阶段和不同层次上表达干旱形成的基本特征。

10 百年一遇干旱是如何算出来的

新闻里面经常这样报道：今年我国某某地区发生了50年一遇的特大干旱。这个“50年一遇”、“百年一遇”是什么意思呢？我们不难理解百年一遇的比50年一遇的干旱严重，但是几十年一遇是说近几十年里属这次的干旱最严重吗？要回答这个问题，我们先引出一个概念，叫做“旱情频率”。

旱情频率是说某一种严重程度的旱情发生的概率，如果某一次旱情频率是2%，那么我们就可以判断，这种程度的旱情大致平均50年可能发生一次。要得到旱情频率，需要用到上一个问题中的旱情指数。下面简单介绍一下旱情频率的计算方法。

对某一区域，把统计整理后的历史旱情系列资料，利用区域农业旱情指数或区域牧业旱情指数或农牧业综合旱情指数，计算得到各年干旱过程中最大的区域农业旱情指数或区域牧业旱情指数或农牧业综合旱情指数。

将所有年干旱过程中最大的旱情指数（n 个）按由大到小的顺序排列并编号，旱情经验频率就等于编号除以统计年数 $n+1$。

把所有得出的频率画在图上形成一条曲线。对于某一干旱过程，采用该次过程中最严重期间的旱情资料或该次干旱过程中某时刻的旱情资料，计算得到最大的区域农业旱情指数或最大的区域牧业旱情指数或最大的农牧业综合旱情指数，以此最大旱情指数在已绘制出的旱情频率曲线上查得该次干旱过程或某时刻的旱情频率。这个方法是一种经验的估计，能够在一定程度上反映某一次干旱的严重性（这里提到的指数和计算方法比较复杂，不赘述，有兴趣的读者可以参考《旱情等级标准》[SL424–2008]）。

小结

洪涝和干旱都是自然界的一种异常现象，气象学往往把降水的多年平均状况视之为正常现象，超过平均值称之为洪涝，低于平均值称之为干旱。第三篇对干旱及干旱灾害基本概念、灾害影响、应对措施和抗旱实例等几方面进行了深入浅出的讲解。本章讲述的是由水分的收与支或供与需不平衡形成的水分短缺这一自然现象，通过对基础知识的介绍，使我们认识到干旱是如何发生的，我们的干旱现状是什么样的，旱情的严重程度和频率是如何衡量和计算的。

PART 9

第九章 干旱灾害的影响

干旱灾害事件在生活、生产、生态等不同方面对人类社会产生着不同程度和不同表象的影响。

1 干旱灾害造成哪些损失和影响

干旱灾害造成的损失分为直接损失和间接损失。其中，干旱灾害造成的直接经济损失表现在农业、工业和牧业几个方面。

农业旱灾表现为旱区农作物大面积减产甚至绝收，影响受旱地区的粮食产量。从粮食受旱面积和因旱粮食减产情况来看，旱灾影响有逐年加重的趋势（图 9–1）。

目前还没有成熟的方法计算农业受旱经济损失，通常是根据现有的资料条件进行估算。例如，根据受旱年份实际农业产量或产值和这一年在正常年景不发生旱灾的情况下应有的产量或产值作对比，计算经济损失，这种方法又叫做对比法。

工业损失表现在因干旱缺水、缺电，造成工矿、企业减产或停产，影响工业产值。这里提到的工业供水包含了城市居民供水，其保证率往往高于农业的保证率，在干旱年份，供水优先安排。因此，在一般干旱年，工业用水基本可以得到满足，工业受旱经济损失只发生在重旱年份。经济损失用正常

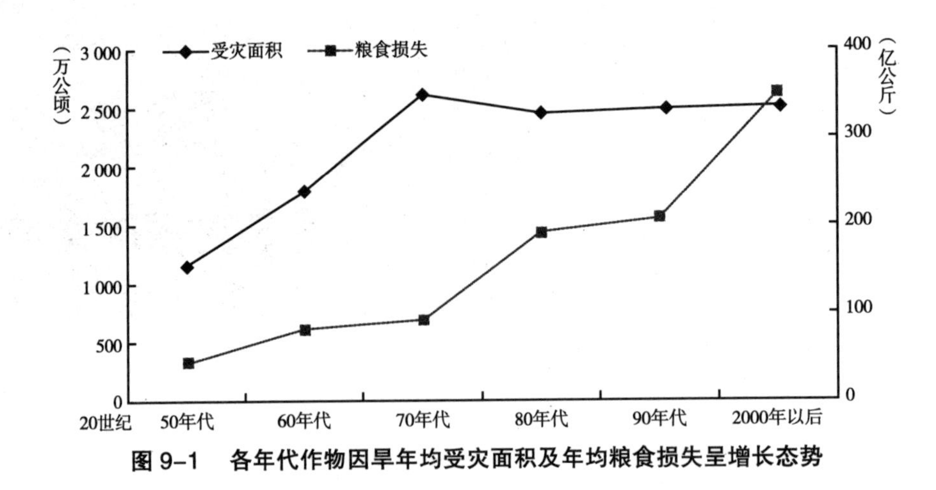

图 9-1　各年代作物因旱年均受灾面积及年均粮食损失呈增长态势

产值减去实际产值，再减去因旱没有消耗原材料的价值得到。

干旱也是对我国西、北部广大牧区畜牧业生产影响最大的一种自然灾害。干旱一方面影响牲畜饮水，另一方面造成牧区产草量减少，品质变劣，牲畜膘情下降，影响产肉量，严重时造成牲畜死亡或被迫大量淘汰、屠杀体弱牲畜，使牧业生产需要经过长时间甚至几年才得以恢复。

干旱灾害不仅造成直接经济损失，还会带来严重的间接经济损失。这种间接损失十分广泛，主要表现在农、牧业减产，工业原料不足，工业产值下降；农村副业生产量减少，商贸交易量受到影响；水力发电量下降，造成对煤、油等燃料的需求大幅度上升；水运运输量锐减，甚至造成停航；干旱少雨和河流断流，地下水的补给量减少，地下含水层趋于枯竭，城市生活和农村人畜等饮水困难；渔业资源损失；树木枯死，土壤沙化，地下水位下降、地面沉降、海水入侵等一系列水环境问题。

干旱造成的间接经济损失比较复杂，计算比较困难。通常采用投入产出的方法概略计算主要产业部门的损失，这里不详细介绍。据有关部门的估算，因农业、工业受旱仅对农业、工业、建筑业、邮电业、商业所造成的间接经济损失是直接经济损失的好几倍。若再计入由于干旱造成人畜饮水困难、抗旱期间工业让电、航运中断，以及对生态环境所引起的间接损失，则间接损失比上述还要大得多。因此，干旱对国民经济造成的间接损失是不可低估的。

2 为什么说干旱是农业生产最大的天敌

农业是人类衣食之源、生存之本，是一切生产的首要条件。它为国民经济其他部门提供粮食、副食品、工业原料、资金和出口物资，在我国称农业为第一产业。农业中不可替代的基本生产资料，一个是土地，一个是水，是既靠天也靠地，因为受自然条件影响很大，有明显的区域性和季节性。土地连续一段时间接收不到足够多的水分供给作物生长，农业生产就会受到影响。可以说，干旱已经成为农业生产最大的天敌。

在影响农业干旱的因素中，自然因素起主要作用。我国的气候、地理等自然条件，决定了我国不同地区干旱特点：①秦岭、淮河以北春旱突出，俗称“十年九春旱”。春季正是冬小麦生长和早秋作物播种的关键时期，常需采取灌溉或其他抗旱措施，以保证作物对水分的需要。这一地区有时春夏连旱或春夏秋连旱。②长江中下游地区主要是伏旱或伏秋连旱。③西南地区多发生冬春旱，以冬春连旱为主。④华南地区秋冬春三季常有旱情。⑤西北地区和东北地区的西部常有旱。特别是西北地区西部干旱地区，没有灌溉就没有农业，主要依靠山区融雪或上游来水，如果来水少或积雪薄以及气温偏低造成融雪量少，灌溉水不足，则对农作物正常生长造成威胁。

3 为何旱灾和蝗灾常常相伴而生

干旱灾害一旦发生，不仅影响农业生产，对工业、生活、生态各个方面都有很大影响。我们将在下面的一系列问题中讨论干旱灾害的危害和影响。在这个问题中，我们先说说农业干旱的一种次生灾害——蝗灾。

人们很早就注意到严重的蝗灾往往和严重的旱灾相伴而生。我国古书上就有“旱极而蝗”的记载。根据1985年河南民政厅整理的《历代自然灾害资料汇编》记载，在清代的193次旱灾中，次生蝗灾109次；在民国期间的35次旱灾中，次生蝗灾29次。这说明，发生旱灾不一定有蝗灾，但蝗灾必定伴随旱灾产生，旱、蝗并发是一种常见的自然现象。蝗害的发生，对农业生产往往是毁灭性的。历史资料记载中也发现，蝗灾与干旱同年发生的概率最大。

为什么会旱、蝗并发呢？蝗虫是一种喜欢温暖干燥的昆虫，干旱的环境气候条件对它们的繁殖和生长发育有许多益处。由于蝗虫将虫卵产在土壤中，土壤比较坚实，含水量在20% ~ 30%时，最适宜蝗虫产卵。干旱则会使蝗虫大量繁殖，迅速生长，酿成灾害。一方面，在干旱年份，由于水位下降，土壤变得比较坚实，含水量较低，且地面植被稀疏，蝗虫产卵数量大大增加，多的时候可达每平方米4 000 ~ 5 000个卵块，而每个卵块中有50 ~ 80粒卵，也就是说，每平方米中有20万 ~ 40万的卵粒。同时，在干旱年份，河、湖水面缩小，低洼地裸露，也为蝗虫提供了更多的适宜产卵的场所。另一方面，干旱环境生长的植物含水量较低，蝗虫以此作为食物，生长的较快，而且生殖力高。

河北省境内干涸的大洼闹过蝗灾，蝗虫飞来时，天空顿时一片昏黑，邪魔穿过一般。苇地里一平方米就有6 000多头蝗虫，一脚踩下去，能踩死200多头。蝗虫几天之内把芦苇连叶带秆全部啃尽，大地顿时寸草不生。飞机开始撒药灭蝗后，人们看到，无边无际的芦苇地里铺满了蝗虫的尸体，堆积达一米多厚。为了消灭彻底，大洼人如祖先那样，开始点火烧蝗。于是，十几万亩的芦苇荡燃起了冲天大火，持续了几天几夜。百里外的沧州市民也看到了大洼人烧蝗的滚滚云烟。

20世纪80年代以来，由于受到干旱气候、土壤沙化和盐碱化的影响，农业生态环境发生了很大的变化，导致新的蝗区不断产生，老蝗区蝗灾反复发生，蝗灾爆发频率上升。例如，1985年，天津的蝗虫跨省迁飞到河北，1995年和1998年黄淮海地区蝗虫大爆发，1999年境外蝗虫还迁入我国新疆，造成大面积农牧区受害。2001年黄淮海地区夏蝗尤为严重，河北的安新、黄骅，河南的开封、兰考，山东的无棣、沾化等县出现高密度的蝗虫，最高密度达每平方米3 000头以上。这次蝗灾爆发的一个重要原因就是天气干旱。

4 荒漠化与干旱有什么关系

荒漠化被称作“地球的癌症”。狭义的荒漠化即沙漠化，是指在脆弱的生态系统下，由于人为过度的经济活动，破坏生态平衡，使原非沙漠的地区出现了类似沙漠景观的环境变化过程。凡是具有发生沙漠化过程的土地都称之为沙漠化土地。沙漠化土地还包括了沙漠边缘风力作用下沙丘前移入侵的地方和原来的固定、半固定沙丘由于植被破坏发生流沙活动的沙丘活化地区。

广义荒漠化则是指由于人为和自然因素的综合作用，使得干旱、半干旱甚至半湿润地区自然环境退化，包括盐渍化、草场退化、水土流失、土壤沙化、沙漠化、植被荒漠化、历史时期沙丘前移入侵等以某一环境因素为标志的具体的自然环境退化的总过程。

我国的荒漠化地区主要集中在北方的新疆、甘肃、青海、宁夏、内蒙古、陕西、山西、河北、辽宁、吉林、黑龙江等11个省区，已经有大面积土地受到荒漠化的毁坏，另有一些土地处于潜在荒漠化的危险之中，平均每年约有1 500多平方千米的土地转变为沙漠。此区大部分年降水量不足400毫米，属于典型的干旱、半干旱气候区，生态环境非常脆弱。

荒漠化的成因非常复杂，但气候是形成荒漠化的最主要的原因，这是科学界的共识。荒漠化多发生在南北半球的副热带地区，是因为此区常年盛行下沉气流，形成了极端干旱的气候所致。地形的作用也是一个非常重要的原因，如青藏高原的隆起，阻挡了水汽的通道，使我国的干旱区相应北移了约10个纬度。

气候的不同变化对荒漠化的影响也不同。因为农牧交错带是反映荒漠化最为敏感的指示器之一，下面我们用气候变化对我国农牧交错带界线影响的例子来说明气候变化对荒漠化的不同影响。

年降水量400毫米分界线不但是我国农牧业的分界线，也是林业的分界线。小于400毫米以牧业为主，大于400毫米以农业为主，可以发展林业。因而400毫米等雨量线是反映荒漠化最为敏感的指示器之一，它的波动，必然使当地的生态体系包括土壤相应发生变化。当小于400毫米时，土地向荒漠化发展；当大于400毫米时，土地向反荒漠化发展。在人类生产力水平较低的历史时期，农牧交错带的界线的演变属于气候干湿波动等自然因素引起的。如在15 ~ 19世纪小冰期时，原先在长城一线的400毫米等雨量线较现在向东南退缩400 ~ 500千米，使得长城一线的降水量持续偏少，土地向荒漠化发展，农业遭到毁灭性打击。而在西汉初期，400毫米等雨量线较现在向北、向西扩展到达了大青山一带，甚至处于干旱区的古丝绸之路也非常兴旺，这都是因为多雨而使荒漠化发生了逆转的缘故。即使百年尺度，这些界线也是波动的，尽管不如长时间尺度明显。例如，400毫米等雨量线在冷干期的1920～1932年比暖湿期的1980～1992年向东南移动了约300千米，土地荒漠化的结果，使得北方七省发生了特大干旱，这就是著名的“中国1929年大旱”。所以，气候变化是荒漠化的决定性因子。

除了气候变化的影响，人为因素也是荒漠化形成的重要原因。在农业出现之前或之初的古代，人类可以看做是自然环境中的一个被动成分，但随着农业科学技术的提高和人口的增长，人类在开发利用自然资源方面的能力有了长足的进步，也就对自然环境造成了更大幅度的改变。例如，砍伐森林和烧毁植被来扩大农业规模，一直是导致环境变化的主要动力。这一动力在环境脆弱的干旱、半干旱区会引起土地的退化。尤其是工业革命后，人口的剧增使人类对自然资源进行了全球规模的掠夺式开发，如农牧业区域向干旱区的扩展、土地利用强度的增大、木材的巨量需求等导致了全球环境的急剧恶化。特别在干旱、半干旱地区对自然资源的掠夺式开发，使本来就非常脆弱的生态系统崩溃，这样的例子不可胜数。

过度放牧所造成的荒漠化土地扩大也不可忽视。由于单纯追求增加牲畜头数，使草场负荷量过大，植被覆盖稀疏，呈现出斑点状分布的裸露沙面，成为风力侵蚀作用的突破口，导致荒漠化的发展。另外，樵采活动破坏植被也是造成荒漠化发展的一个重要因素。例如，宁夏盐池农民在草原上挖掘甘草，导致草原以每年几十平方公里的速度使牧场变成沙漠化土地。

5 干旱会引起火灾吗

干旱往往伴随着高温、大风天气，对于森林树木密集的地区，枯枝落叶、杂草和灌木丛大量堆积，长期干旱使得树木十分干燥易燃，草地森林火灾的风险很高。如果气候持续干燥一段时间后，又遇上雷雨季节，树的上部也容易着雷击着火。一旦发生火灾，可能造成人员伤亡，林木资源损失，伴随的浓烟还会使能见度下降，严重影响救援交通。

在2010年春季西南大旱的影响下，森林火灾发生频繁。据统计，仅2月1日到3月10日，广西就累计发生森林火灾331起，过火面积6 029公顷，受害森林面积778公顷。与上年相比，森林火灾的过火面积增加了七成多。彩图8为1950 ~ 2000年我国森林火灾严重程度示意图。

6 真的是“旱不死人”吗

我国旱灾频繁，历史上曾给中华民族带来过无数次的灾难。据统计，自公元前206 ~公元1949年的2 155年间我国共发生过较大的旱灾1 056次，平均两年一次。最严重的当属明崇祯大旱（1637 ~ 1646年），1637年始于陕西北部，1646年终于湖南，干旱持续时间最长，范围最大，受灾人口最多，遍及20个省（市），北方多数地区持续4 ~ 8年，重旱区在黄河、海河，涉及长江流域中下游15个省（区）。“京师、河北、河南、山东、山西、陕西皆大旱，树皮食尽，人相食”。1785年（清乾隆五十年）13个省受旱，时间长达120 ~ 200天，史料记载“草根树皮搜食殆尽，流民载道，饿殍盈野，死者枕藉”（草根树皮都被吃光了，到处都是流浪的百姓，饿死的人遍布荒野，一个压一个）。

1929年大旱，黄河流域各省灾民达3 400万人；1942年大旱是在持续两年干旱的情况下发生的，灾情严重，受旱地区庄稼旱死，农业无收，广大灾民背井离乡、卖儿卖女，以草根树皮等充饥，仅河南省饿死、病死的就有数百万人。

可见，“旱不死人”的说法在生产力低下的过去是不成立的，我国历史上几次重大的干旱灾害都造成了“人相食”、“饿殍遍野”的惨状。新中国成立后，水利事业蓬勃发展，抵御旱灾的能力不断提高，水利在应对干旱灾害中发挥了重要的作用。虽然干旱灾害仍会对我国农业、工业、牧业、生活和生态造成很大的损失，但是“旱死人”的现象已经一去不返。

7 北方地区真的是“有河皆干，有水皆污”吗

我国北方地区是指东部季风区的北部，主要是秦岭—淮河一线以北，大

兴安岭、乌鞘岭以东的地区，东临渤海和黄海。包括东北三省、黄河中下游五省二市的全部或大部分，以及甘肃东南部，内蒙古、江苏、安徽北部。北方地区有很多较大的河流，比如松花江、辽河、海河、黄河以及塔里木河等，这些河流担负着支撑北方地区人民的生活和生产的重任。然而，北方地区年降水量多在 400 ~ 800 毫米，降水集中在七八月，且多暴雨，此时河水暴涨，河流易泛滥成灾；而每年的春季少雨，常有干旱，春旱尤其严重。近年来，北方的河流由于受到频繁干旱和人为因素的影响，出现了“喊渴”的景象。

干旱期间，地表径流量减少，河流、湖泊等陆地水体的纳污能力和稀释能力下降，加上工业、生活废污水的大量排放，地表水体的污染十分严重。20 世纪 80 年代后期，华北地区每年排放污水总量 43 亿吨，而河川年径流量仅 338 亿方，污径比（污径比是污水排入量与河流径流量之比。一般它是小于 1 的系数。当河流水质比较清洁的条件下，污径比小，水质好；污径比大，水质差。通常河流枯水季节污径比在 0.1 ~ 0.125 时，河流的自净能力可以承受）为 0.13，超过河流的自净能力。其中京津唐地区一些流经城市的河流和河段污染情况非常严重。其他的如济南的小清河，保定的府河，唐山的陡河也都有类似情况。干旱缺水使内陆湖泊水质发生明显变化。新疆塔里木河，由于天然径流量减少，灌溉回归水增多，阿拉尔以上河段，每年接纳回归水携带的大量盐分，使塔里木河水质明显盐化。新疆博斯腾湖在 20 世纪 80 年代初，由以前典型的淡水湖变成了微咸水湖泊。另外，由于湖水量减少，额济纳河的两个尾闾湖之一嘎顺诺尔湖已从咸水湖变成了盐湖，另一个索果诺尔湖则由微咸水湖变成了真正的咸水湖。

“有河皆干，有水皆污”是人们对海河的形容，我们再来具体看看海河的情况。

海河是我国七大江河中水资源量最少的流域，人均水资源量仅为 300 立方米。长期以来，为满足经济社会发展，水资源过度开发、超载运行，使海河流域的水生态系统和环境日益恶化。

海河流域曾有过十分优美的生态环境。历史上，流域平原河流纵横，洼淀星罗棋布，水域辽阔，是人类和各种野生动植物繁衍生息的理想之地。自金代开始，元、明、清各代均定都北京。20 世纪 50 年代，南运河到卫运河段、子牙河到滏阳河段、大清河到府河段以及蓟运河等河道，不但常年有水，而且水质清澈，同时还是盛极一时的航运黄金水道，通航里程达 3 500 余千米。湖泊洼淀水草丰茂，禽鸟聚集，鱼虾蟹蚌和莲藕菱苇等水生动植物丰富。“华北明珠”白洋淀更是以丰富的特产、优美的环境蜚声海内外。

然而就在人们为经济发展取得的成就而欢欣鼓舞，为巩固和扩大发展而不遗余力时，流域生态环境恶化的危机不期而至。有河皆干、有水皆污、湖泊干涸、湿地萎缩、水土流失、沙尘暴肆虐、地下水过度超采、地面沉陷、海水入侵等严重问题，对流域经济社会的可持续发展构成了严重的威胁。

20 世纪 60 年代中期以来，地表水被大量的开发利用，海河中下游河道成为了无源之水，相继枯竭断流，除北部的滦河常年有水外，4 000 多千米平原河道已全部成为季节性河流。永定河自 1965 年以来连续断流，“一条大河波浪宽”的情景已成为人们美好的回忆。河道的干涸使水生动植物失去了生存的条件，大量的水生物种灭绝。同时，水的自然循环系统遭到破坏，失去了补给地下水、输沙、排盐等作用，还丧失了河道航运、景观等功能。海河流域的水生态系统已由开放型向封闭型和内陆型方向转化，造成了河口泥沙淤积和盐分积累，河口海洋生物大量灭绝，如大黄鱼和蟹类等已基本消失。

海河流域的湿地面积已由 20 世纪 50 年代的近 1 万平方千米降至目前的 1 000 多平方千米。地处“九河下梢”的天津市，当年湖泊密布、湿地连片，湿地面积占总面积的 40%，如今湿地仅占总面积的 7%。流域内 194 个万亩以上天然湖泊、洼淀现已大多干涸。“华北明珠”白洋淀，自 20 世纪 60 年代以来出现 7 次干淀，干淀时间最长的一次是 1984 ~ 1988 年连续 5 年。作为“地球之肾”，湿地的萎缩大大降低了其调节气候、调蓄洪水、净化水体、提供野生动植物栖息地和作为生物基因库的功能。

目前，海河流域的水污染已由 20 年前的局部河段发展到现在的全流域，由下游蔓延到中上游，由城市扩散到农村，由地表侵入地下。水污染导致了一系列严重后果。北京市的重要水源地——官厅水库因水质恶化，被迫于 1997 年开始退出生活供水。流域内每年还引用 20 多亿立方米污水进行灌溉，污水灌溉对浅层地下水、土壤和农作物造成污染。其中，天津市每年引用 7 亿立方米污水灌溉，农作物中的铅、砷、汞、镉等的含量明显高于其他地区。

近海 5 ~ 10 千米海域受到严重污染，污染指标超过规定的Ⅲ类水标准数倍至数十倍，渤海赤潮时有发生。

近年来，在干旱缺水、水环境不断恶化的形势下，海河流域的治理工作也在全面进行着，并取得一定成效。

20 世纪 80 年代初开始实施的引滦入津工程，30 年来一直向天津供水。同时引滦入唐、引青济秦、引黄入卫、京密引水、引黄济津、引黄入淀、南水北调等调水、补水工程，都不同程度地缓解了天津、北京、唐山、秦皇岛、沧州、大同等城市的用水紧张问题和白洋淀的生态恶化局面。如今，海河流域形成了蓄、引、提及跨流域调水工程相结合的地表水供水模式。

同时，海河流域大兴农田水利建设，推行节水灌溉，降低农业用水。至 2010 年年底，全流域共建成万亩以上灌区 402 处。灌溉面积从 1949 年的 91 万公顷发展到 836.1 万公顷，其中节水灌溉面积达 445.8 万公顷，占实际灌溉面积的 53.3%。农业用水总量呈现减少趋势。

另外，海河流域还通过推行节水方法和器具、加大城市污水处理力度和雨洪资源利用程度、关停高耗水高污染的企业、严格控制地下水的开采、沿海地区重复利用海水等措施，开辟新水源，改善水环境。

经过多年的治理，海河流域的供用水状况和地表水环境质量都在向好的方向发展。如 2010 年年底，海河流域Ⅰ ~ Ⅲ类水河长占评价河长的 37.2%，呈缓慢增长趋势。流域的主要水源地水质也比较好，达到和优于Ⅲ类水质标准的水库占评价水库的 88.2%。

8 地下水超采会有哪些后果

遇干旱年份，有些地区通过抽取地下水来应对缺水问题，但是地下水长期过度超采会引起严重后果，主要表现为地下漏斗、地面沉降、海水入侵等现象。

（1）地下漏斗是地面沉降的一种，是由于地下水过量开采和区域地下水位持续下降，地下水面呈现漏斗形状的现象。由于地下水超采严重，黄河流域、淮河流域、海河流域已出现大面积漏斗，北京、天津、河北、山东、河南等省市的漏斗面积已达 9 万平方千米，相当于五个北京市的面积。惊人的是，至 2005 年仅河北一省就出现 5 万平方千米的地下水开采漏斗区和地面沉降区，为世界最大漏斗区，已占去河北平原面积的 2/3。漏斗中心区地下水最大埋深已达 110 米。

（2）地下水超采引发的地面沉降。古代高塔如今有“十塔九斜”之说，位于中国千年古都西安的大雁塔在建成 1 000 多年后也是略有倾斜。上世纪 90 年代，随着经济发展和人口快速增长，西安市城市用水急剧增加，当时又赶上气候干旱，河流水量减少。因缺乏城市饮用水，大雁塔周围居民为解决吃水困难问题，就自己打井，无限制开采地下水，致使大雁塔一带地下水位一度降至 100 米以下，到 1996 年，塔倾斜达到最大程度，倾斜度达到 1 010.5 毫米，也就是 1 米多。专家分析，除了建筑物的自然沉降因素外，地下水超采引起的地面沉降是大雁塔的倾斜速度加快的主要原因。

1997 年起，西安市政府对大雁塔周边单位的 400 多口自备井实施封井措施，并加大了地下水回灌力度，将地表水注入地下含水层、以增加地下水储量。至 2003 年年底、2004 年年初，大雁塔在开始缓慢改斜“归正”。如今，曾倾斜达一米多的西安大雁塔正以平均每年 1 毫米的速度向反方向回弹。

上海是我国发现地面沉降最早的地区，1921 年就有了观测资料，以后随着地下水开采规模的不断扩大，沉降也随着加剧。到 20 世纪 60 年代最为严重，每年沉降量达 110 毫米，每年扩展面积 13.2 平方千米。到 70 年代，由于采取了限制地下水开采和人工回灌地下水措施，大部分地区地面沉降得到了缓解。到 90 年代初，每年沉降量约为 20 毫米，还没有得到完全控制。

再说天津的例子。天津地区地面沉降主要发生在 20 世纪 70 年代以后，沉降的原因与为满足用水量增长大量开采深层地下水有关。80 年代初最大沉降量已经超过 2 000 毫米。1992 年，沉降幅度大于 1 000 毫米的区域达 2 640 平方千米，大于 1 500 毫米的区域达 828 平方千米，在市区、汉沽和塘沽形成三个沉降中心，城区最大沉降深度达 3 400 毫米。

（3）海水入侵是指海水通过透水层（包括弱透水层）渗入地下水位较低的陆地淡水含水层。海水入侵通常发生在临海地区，它的发生与干旱密切有关。由于干旱缺水，滨海区超量开采地下水，地下淡水水位下降，海水与淡水的交界面不断向内陆推移，导致地下淡水不断掺杂了海水而咸化。这种环境变化在半湿润半干旱区海岸带的莱州湾沿岸、渤海湾沿岸危害已很严重，在湿润地区的上海、宁波等地也已出现。近年来，针对海水入侵，实行了压咸补淡工程，就是向地下水补充淡水，使海水与淡水交界面往大海方向移动。

9 白洋淀能否再现往日风采

白洋淀是我国海河平原上最大的湖泊，位于河北省中部。白洋淀，又称西淀，是在太行山前的永定河和滹沱河冲积扇交汇处的扇缘洼地上汇水形成。现有大小淀泊 143 个，其中以白洋淀、烧车淀、羊角淀、池鱼淀、后塘淀等较大，总称白洋淀。由于水产资源丰富，淡水鱼有 50 多种，并以大面积的芦苇荡和千亩连片的荷花淀而闻名，素有“华北明珠”之称。曾几何时，这里四季景色分明，水光天色，美不胜收（图 9–2）。

但是从 20 世纪 70 年代以来，白洋淀有 15 年干淀，出现了水源不足、水位不稳、水质污染、泥沙淤积、鱼虾回游断道等现象。有些年份，淀里干得底朝天，上面可以跑汽车、拖拉机，在淀里打井；家家户户的木船，底朝天

图 9–2　白洋淀

（图片来源：中华人民共和国水利部，兴利除害 富国惠民——新中国水利 60 年，中国水利水电出版社，2009）

一搁五六年。连续几年干淀，导致了生态环境的巨大变化。究其原因，主要是因为上游用水增大，流入淀内的水量大幅减少，遇到干旱年甚至无水入淀。

为了让白洋淀恢复往日生机，近年来，水利部、河北省积极探索白洋淀流域内补水与跨流域补水相结合的长效补水机制。自 1997 年以来，已先后多次向白洋淀引水，使白洋淀生态环境得到了持续性保护。目前，绝迹多年的芡实、白花菜等多种沉水植物和浮叶植物已重现白洋淀，一度大量死亡的野生鱼类也在快速恢复和繁殖，白洋淀湿地生态环境得到了明显改善。

10 趵突泉缘何断流

山东省济南市素有“泉城”之称。众多清冽甘美的泉水，从城市当中涌出，汇入河流、湖泊，其中趵突泉最负盛名，被称为山东三大名胜之一。盛水时节，在泉涌密集区，呈现出“家家泉水，户户垂杨”的绮丽风光。早在宋代，文学家曾巩就评价道：“齐多甘泉，冠于天下。”元代地理学家于钦也称赞说：“济南山甲齐鲁，泉甲天下。”在 20 世纪 60 年代的时候，济南境内有 20 多处规模不小的泉水，著名的趵突泉、黑虎泉和珍珠泉每天涌水量之和就达 19 万吨。但是 70 年代以后，由于地下水严重超采，泉水日趋萎缩，趵突泉每年都喷喷停停，泉城已名不副实。2006 年，济南市制定了《济南市保持泉水喷涌应急预案》，并通过增雨、补源、置采、控流、节水等措施保证泉水的持续喷涌。截至 2010 年趵突泉已连续喷涌 6 年。

11 是什么加速了明王朝的灭亡

我们在历史课上学到过，明朝的最后一位皇帝崇祯的昏庸结束了明王朝的统治，其实明末发生的大旱灾在其灭亡过程中起到了推动作用，这是怎么回事呢？

1637 ~ 1642 年，也就是明崇祯十年到十五年，发生了罕见的大旱灾。这次大旱持续时间长，并涉及黄、海、淮和长江流域 15 个省（区）。据文献估计，1637 年、1639 年、1640 年和 1641 年，华北地区年降水量不足 400 毫米，

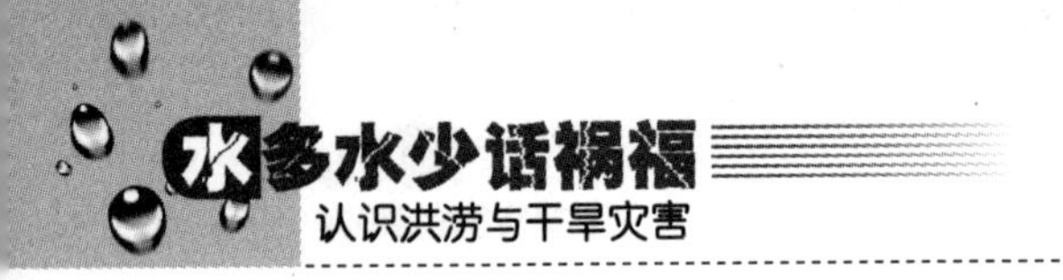

5～9月降水量不足300毫米，比常年偏少3～5成。1640年和1641年连续两年降水量估计明显低于1949年以来北方的大旱年。由于旱情严重，多数地区在1640年和1641年间出现了淀竭、河涸现象。各地干旱的持续年数大都在4～9年，其中，榆林、延安两市，持续时间达13年之久。

这次大旱是有个逐步发展的过程。在干旱初期，即1637年，仅少数地区有庄稼受旱和人畜饥馑的现象。第二年，即1638年，旱区向南扩大到苏、皖等省，大部分地区，有庄稼受害、人畜饥馑的现象，个别地区有人相食的记载。到了干旱的第四、第五年，即1640年和1641年，年降水量不足300毫米，5～9月降水200毫米左右，旱情加重，禾苗干枯、庄稼绝收，山西汾水、漳河都枯竭了，河北九河俱干，白洋淀涸，淀竭、河涸现象遍及各地，人相食的现象频频发生。陕、晋、冀、鲁、豫严重的干旱还伴随着蝗虫灾害和严重的疫灾，使灾害更趋严重。河南“大旱蝗遍及全省，禾草皆枯，洛水深不盈尺，草木兽皮虫蝇皆食尽，人多饥死，饿殍载道，地大荒”。甘肃大片旱区人相食。山西“绝粜罢市，木皮石面食尽，父子夫妇相剖啖，十亡八九”（市场上已经没有米卖，树皮石面都吃完了，父亲儿子、丈夫妻子相互杀了吃，人死亡八九成）。干旱第六、第七年，即1642年和1643年，各地旱情才略有缓和，灾情相对减轻。

连年旱灾造成粮食严重歉收或失收，灾区米价昂贵，崇祯十二年（1639年）每石米值银一两，崇祯十三年以后，石米价格上涨到银三、四、五两不等，加上沉重的赋疫，民不聊生，农民揭竿而起，最后结束了明朝统治。可见，干旱灾害是导致王朝衰败和社会不稳定的一个重要因素。

12 楼兰古国消失之谜

提起楼兰古城，人们都会想到瑞典探险家斯文·赫定，因为他在1901年首次对外宣布楼兰古城的存在。

罗布泊曾经是我国西北干旱地区最大的湖泊，湖面达12 000平方千米，20个世纪初仍达500平方千米，当年楼兰人在罗布泊边筑造了10多万平方米的楼兰古城，但到了1972年，最终干涸。是什么原因导致了曾经水丰鱼肥的罗布泊变成茫茫沙漠？又是什么原因导致了当年丝绸之路的要冲——楼兰古城变成了人迹罕至的沙漠戈壁？这一直是个科学之谜。

中科院罗布泊环境钻探科学考察队曾经对罗布泊进行了全面系统的环境科学考察。考察队认为：据初步推断，随着青藏高原在距今7万～8万年前的快速隆升，罗布泊由南向北迁移，干旱化逐步加剧，最后导致整个湖泊干涸。当全球气候发生变化时，整个东亚西部都开始出现了干旱和沙漠化、戈壁化趋势。在这期间，罗布泊开始从南向北推移。在距今7万年左右的时候，湖面急剧下降到最后接近湖底。因湖底地形的高低不平，原先巨大统一的古罗布泊分解成现在的台特玛湖、喀拉和顺湖以及北面较大的罗布泊。

罗布泊干涸的原因很复杂，既是全球性的问题，也是地域性的问题，除了自然方面的原因，还有人为方面的因素。

新石器时代人类便涉足楼兰古国，青铜器时代这里人口繁盛，这时恰值高温期，罗布泊湖面广阔，环境适宜。但此后进入降温区后，水土环境变差，河水减少，湖泊缩减，沙漠扩大。在距今约2 000年左右，旱化加剧，这表现在中国北方广大地区冰进发生，黄土堆积，湖沼消亡，海退发生。

楼兰古城的消亡大约在公元前后至4世纪（中原的汉朝到北魏时期），这时正是旱化加剧的时期。其实，在这一旱化过程中，不仅是楼兰古城消亡，而且由于沙漠扩大，先后发生尼雅、喀拉墩、米兰城、尼壤城、可汗城、统万城等的消亡。楼兰古城的消亡是在中国北方，甚至是世界气候出现旱化的大背景下发生的，它不是一个孤立的空间，只是由于楼兰处在干旱内陆，这里人文与自然环境的变化更显著罢了。

人类活动对罗布泊干涸的影响，在晚期可以说越来越大。水源和树木是荒原上的绿洲能够存活的关键。楼兰古城正建立在当时水系发达的孔雀河下游三角洲，这里曾有长势繁茂的胡杨树供其取材建设。当年楼兰人在罗布泊边筑造了10多万平方米的楼兰古城，他们砍伐掉许多树木和芦苇，这无疑会对环境产生副作用。

在这期间，人类活动的加剧以及水系的变化和战争的破坏，使原本脆弱的生态环境进一步恶化。5号小河墓地上密植的“男根树桩”说明，楼兰人当时已感到部落生存危机，只好祈求生殖崇拜来保佑其子孙繁衍下去。但他们

大量砍伐本已稀少的树木，使当地已经恶化的环境雪上加霜。

罗布泊的最终干涸，则与新中国成立后在塔里木河上游的过度开发有关。当年我们在塔里木河上游大量引水后，致使塔里木河河水入不敷出，下游出现断流。这一点从近年来的黄河断流就可以得到印证。罗布泊也是由于没有来水补给，便开始迅速萎缩，甚至最后消亡。

13 何谓“黑灾”

所谓“黑灾”，是指发生在牧区冬季到初春的一种旱灾，“黑灾”主要体现为牲畜饮水困难。在没有水的冬春牧场，黑灾主要取决于冬春季无积雪日数；在供水不足的冬春牧场，除上述因素外，还与地表水体封冻的迟早、地下水埋深以及供水设施完善程度等有关。在供水设施不足的缺水和无水冬春牧场，牲畜群由于很多天吃不上雪，相应出现掉膘、瘦弱、瘟疫流行和死亡。因此，以冬春季连续无积雪日数的多少作为黑灾分级的指标，将其分成三个等级：连续无积雪天数 20 ~ 40 天为“轻黑灾”；连续无积雪天数 41 ~ 60 天为“重黑灾”；连续无积雪日数超过 60 天的为“极重黑灾”。

黑灾发生的地区是与作为冬春牧场的无水和缺水草场紧密联系在一起的，其他类型草场，虽冬春降雪很少，但不作冬春牧场利用，或由于供水条件较好，人畜饮水不依靠雪或根本不吃雪，自然不会受到黑灾危害。

我国的牧区总面积 416 万平方千米，占国土总面积的 43%。主要分布在北部、西部和西南部的内蒙古、新疆、西藏、青海、四川、甘肃、宁夏、吉林、黑龙江、辽宁、河北、山西等 12 个省（自治区）。其中北部和西北部广大牧区地处我国干旱和半干旱地区，年降水量少，而蒸发量大，降水、径流年内、年际变化大，干旱发生的频次多，覆盖面广，持续时间长，影响牧草的正常生长、饲草料供应和人畜饮水。

我国无水草场发生黑灾的主要地区是新疆的塔里木盆地，内蒙古的阿拉善盟、乌兰察布盟、巴彦淖尔盟、锡林郭勒盟北部边缘的缺水草场，甘肃河西走廊北部、祁连山中、西段的缺水草场，青海的柴达木盆地，西藏的西北部，宁夏海原、同心、盐池一带。不同地区黑灾发生频率差异较大，在新疆南部、甘肃河西走廊北部、祁连山中西段、青海的柴达木盆地等处的无水草场，几乎年年发生黑灾，频次较高；新疆北部，甘肃黄土高原北部和宁夏海原、同心、盐池一带的无水缺水草场，平均5～6年发生一次黑灾；内蒙古的东部各盟，平均4年一次，中西部的巴彦淖尔盟、乌兰察布盟、锡林郭勒盟北部的缺水草场，黑灾发生概率较高，平均2年就会出现一次。1962～1963年，内蒙古乌兰察布盟和巴彦淖尔盟冬春117天无积雪；1966～1967年，宁夏盐池118天无积雪，黑灾严重，1968年和1976年，内蒙古呼伦贝尔盟、乌兰察布盟、巴彦淖尔盟和锡林郭勒盟发生两次重大黑灾，损失牲畜分别为143万头（只）和190万头（只）。

14. 干旱对我们的健康有什么影响

干旱天气影响农作物生长，同时也影响人体健康和情绪，引发多种疾病。麦苗需要抗旱，人体也需要“抗旱”。

干燥的天气和微弱的风力，使得地面附近的灰尘、汽车尾气难以扩散，易形成灰霾天气，对人体呼吸道的影响极大。研究发现，长期生活在湿度较低的环境中可导致人体免疫能力下降。当空气湿度低于40%的时候，鼻腔和肺部呼吸道黏膜容易发生脱水，弹性降低，黏膜上的纤毛运动减缓，灰尘、细菌等容易附着在黏膜上，刺激喉部引发咳嗽，同时也容易发生支气管炎、哮喘等呼吸道疾病。

天气干燥容易导致人体泌尿系统疾病高发。因为干燥，人体水分可以直接通过皮肤表面蒸发，人们不易觉察“缺水”，如果没有及时补充水分，特别容易引发泌尿系统结石。皮肤缺乏水分，汗腺和皮脂腺分泌量减少，也很容易引发皮肤瘙痒和过敏。皮肤瘙痒一般刚开始并不严重，可能只局限于一处，但渐渐地可能会因为抓挠过猛，导致皮肤发炎，引发湿疹、脱屑、皮肤变薄，甚至细菌感染。如果空气湿度低于30%，还容易摩擦产生静电。持久的静电可引起人体血液的pH值升高，血钙减少，尿中钙增加。

此外，干燥而寒冷的气候适合流感等呼吸道疾病的传播，旱灾地区用水不足，饮用水及个人卫生难以维持，有利于霍乱，痢疾及甲型肝炎等疾病传播。

干燥天气可使人出现各种烦躁症状，如心神不宁、容易发火，甚至出现性情狂躁。在许多国家，如美国、瑞士和以色列，干热的风会增多精神失常现象。人们的办事效率会降低，反应迟钝并容易发怒。我们认为这是因为空气中能够改善人的脑功能、提高情绪的负离子减少了。

因此，在干旱发生时，或者在干旱季节，我们平时要注意多喝水、多通风，注意水质安全和饮水卫生，尽量避免长时间日晒。

15 难道干旱真的是“有百害而无一益”吗

前面我们讨论了干旱灾害给农业、牧业、人类生活和生态等各个方面带来的巨大影响，让人不禁想问，难道干旱真的是完全有害无益的吗？其实，干旱气候也能给人类带来某些好处，从而产生有益的后果。例如，干旱的气候条件对公路、铁路、航空运输、盐业等都是有利的；给人们晾制干果、晾晒衣物提供方便；还能控制多种霉菌、病菌、蚊蝇的滋生和蔓延；在炎热的季节不致使人感到闷热难耐；还能为人们提供较多的太阳能。在农业方面，许多中耕作物的苗期，大多数农作物的成熟后期及收获期都需要干旱气候，水稻烤田还需要人为制造干旱环境呢。在干旱的气候条件下，太阳辐射资源丰富、昼夜温差大、农作物病虫害少、产量高、品质好。例如，吐鲁番盆地属大陆荒漠性气候，干旱炎热，年降水量约 16 毫米，蒸发量高达 3 000 毫米，夏季最高气温有过 49.6℃的纪录，6 ~ 8 月平均最高气温都在 38℃以上。中午的沙面温度，最高达 82.3℃，因此这里自古有“火洲”之称。日照时间长，全年约 3 200 小时，无霜期 210 天左右。这里太阳辐射强，气温高，热量丰富，利于植物生长；昼夜温差大，同化作用弱，作物每天的光合作用时间很长，使得水果体内聚集了大量的糖分，因而所产瓜果品种优异。尤其是哈密瓜、葡萄驰名中外。

小结

干旱主要是由降雨偏少或气温偏高等气象因素异常所导致，属于自然现象；而干旱灾害则由是干旱这种自然现象和人类活动共同作用的结果，是自然环境系统和社会经济系统在特定的时间和空间条件下耦合的特定产物。干旱就其本身而言并不是灾害，只有当干旱对人类社会或生态环境造成不良影响时才演变成干旱灾害。干旱灾害历来是世界各国的主要灾害之一，其影响已经涉及生产、生活和生态的方方面面。本章主要从农业、牧业、生态等方面介绍了干旱灾害的影响，讲述了几个相关的现象和历史事件，如地下漏斗、泉水断流、黑灾、明王朝灭亡和楼兰消失。干旱灾害和洪涝灾害不同，其范围更大，时间更长，造成的影响更深远。

第十章 干旱灾害的伤痛记忆

干旱灾害对我国和世界上其他国家都产生过异常深远的影响，让我们从20世纪开始，翻开曾经的那些干旱灾害的伤痛记忆（图10–1）。

图 10–1　干涸的河床
（图片来源：http://www1.dezhoudaily.com）

1 20世纪初的北方大旱

1928 ~ 1929年大旱的重灾区主要分布在甘肃、宁夏、陕西、山西及其毗邻的河南西部、青海东部、四川北部和湖北西部及湖南中部地区，广西、安徽部分地区也出现重旱。

据史料记载，1928年干旱，山西晋南自春到秋无雨，夏秋庄稼歉收，粮价飞涨，民众断粮。河南省自春至夏少雨，夏歉收，秋枯槁，旱后又蝗，收成大减。甘肃全省被灾，夏禾枯死，秋田不能播种，灾民多达250多万人，哀鸿遍野，积尸梗道，人相食。1929年，由于连年大旱，灾情更加严重。山西临县李家湾村，树皮草根皆被剥完；祁县荣河夏秋俱无收，昔阳、平遥、介休、绛州赤地遍野（图 10-2）。陕西全省 88 个县，夏秋颗粒无收，饥饿死亡 250 万人，饥殍载道。河南灵宝、卢氏、陕县、洛阳、宜阳、延津、封丘等县收成锐减。甘肃 58 个县大旱，入春后，树皮草根食之以尽，十室九空，年底灾民 456 万人，死亡 230 万人，其中死于饥饿 140 万人，死于病疫 60 万人，死于匪害 30 万人。此次大旱一直延续到 1930 年（图 10-3）。

图 10-2　1928 年山西乞讨的灾民

图 10-3　1928 年遭受旱灾的灾民

［图片来源：夏明方，康沛竹，20 世纪中国灾变图史（上），福建教育出版社，2011］

这次大旱期间，灾区实测降水资料较少，根据收集到的陕县、泾阳 1928 年和 1929 年的资料，以及山西平遥、陕南城固 1928 年资料，可知，北方连季旱和连年旱的情况十分严重。在南方旱区，1928 年 2 ~ 10 月除个别月外，降水量均低于常年，春、夏、秋连旱也比较严重，1929 年降水基本恢复正常，未出现连年旱的情况。据统计，1928 年、1929 年在北方重旱区年降水量比 1949 年以来实测的最枯年降水量还要有较大幅度的减少，其重现期估计在 50 年以上。

2　1959 ~ 1961 年三年自然灾害

1959 ~ 1961 年，在我国历史上称为“三年自然灾害时期”，这三年里，发生了局地洪水和大范围干旱（彩图 7）。其中，干旱的持续时间最长，造成的损失也最大，使农业生产大幅度下降，市场供应十分紧张，人民生活相当困难，人口非正常死亡急剧增加，仅 1960 年统计，全国总人口就减少了 1 000 万。

1959年6月以前，干旱主要发生在黄河以北地区。上半年六个月，河北和东北三省总降水量比常年同期偏少二至四成。春播期间，辽宁省西部、辽东半岛大部连续40～50天没有降雨，影响播种和出苗。吉林省西部和南部长白山一带因旱小河断流，松花江水源濒于枯竭，丰满水库发电缺水。

到了夏秋两季，干旱带向南移动，黄河中下游和长江中下游主要农业区旱情重。其中七八两月许多地区的降水量不到常年同期的1/4，发生了几十年少有的伏旱，加重了旱情。河南、山东、安徽、江苏、河北、湖南、陕西、四川、山西等地为旱情最重的地区，淮河、长江出现历史上最低水位。

8月下旬开始，黄河中下游、长江下游和东南沿海先后降雨，但河南、湖北、四川、陕西等省旱情持续。9月中下旬至11月华南广大地区又发生严重秋旱，部分地区直到12月中旬才缓解。

在1959年大面积重旱的基础上，1960年继续发生干旱，受旱范围广，持续时间长，灾情更为严重。

1960年的干旱主要发生在春夏两季，部分地区冬春夏三季连旱。河北、河南、山东、陕西、内蒙古、甘肃、四川、云南、贵州、广东、广西、福建等省（区）遭遇春夏两季连旱。江苏、安徽、浙江、湖北、湖南、江西等省的部分地区发生夏旱。干旱持续了6～7个月。其中河北省许多河流因旱断流，永定河河北段及潴龙河断流5个多月，子牙河及滏阳河衡水以下河道，从1959年11月开始，共断流9个月。山东省旱情最严重期间，境内的汶河、潍河等8条主要河流断流。全省成灾面积占受灾面积的一半。

在上两年大范围严重干旱的基础上，1961年全国大部分地区降水仍比常年偏少，对农业生产的影响可谓雪上加霜。上半年干旱主要在北方大部分地区，江淮地区夏伏旱严重。这一年的干旱主要发生在农业区，对农业生产影响很大。

1961年入春后，华北、西北东部和东北西部风多雨少，山东、河南、河北、山西、陕西、内蒙古、辽宁等省区先后发生了不同程度的春旱。江淮地区的梅雨期开始于6月初，6月中旬就结束，历时短、结束也早。6月中旬开始到8月底大部分地区降水量比常年同期偏少4成以上。淮河及各支流月平均流量比往年平均流量明显偏少。

1959 ~ 1961 年连续 3 年受旱，3 年全国共减产粮食 600 多亿千克，对国民经济造成十分严重的影响。

3 1972 年海河流域大旱

1972 年，出现了世界范围的持续干旱，我国大部分地区少雨，北方出现大范围重旱。部分地区春夏连旱，以海河流域最为严重。

由于降水少，河道来水也少，一些河流出现了历史上少见的枯水现象，辽河、永定河是最近几年的最小水量。黄河发生了新中国成立以来第二枯水年。海滦河山区年径流量不到多年平均值的一半，是 1949 年以来径流量最小的一年。人均水量 121 立方米，亩均水量 70 立方米，旱情十分严重。山西省全省天然径流量为多年平均值的 55.5%。天津市境内的海河段长期处于枯水位状态，持续 92 天水位在 1 米以下。北京市旱情也十分严重，从 5 月下旬开始，密云、官厅水库停止向农业供水，全市中小型水库基本干涸、河道断流。河北省小型水库和塘坝大部分干涸，一些大型水库如永定河官厅水库、滹沱河岗南水库不得不挖掘死库容，使水库长期在死水位以下运行。500 多条小河、18 条大河在 5 月中旬断流，滦河水量较常年减少 2/3。

4 1978 年江淮大旱

1978 ~ 1983 年，全国连续 6 年大旱。累计受旱面积近 20 亿亩，成灾面积 9 亿多亩。这次大旱持续时间长，损失惨重，北方是主要受灾区。

1978 年，全国大面积重旱。全国受旱面积 6 亿多亩，其中减产三成以上的成灾面积 2 亿多亩，其中长江中下游地区旱情最重。

重旱区主要在长江中下游、淮河流域大部和河北南部。河南北部以及山西、陕西、宁夏、山东等省区的大部地区，年降水量较常年偏少二到四成，其中，河北南部、河南北部降水比常年偏少三到四成，江淮之间大部也比常年减少三到五成。安徽、江苏、上海、浙江、江西、湖南、河南、陕西、四川 9 个省（市）的部分雨量站年降水量为近 30 年的最小值。长江中下游大部地区夏季降水量比常年同期偏少三到七成，其中湖北东北部、安徽北部、江苏南部、上海以及浙江北部地区降水量不到200毫米，比常年同期偏少六到七成。长沙市7 ~ 9月降水量偏少近七成。

南方部分地区春季降水偏少，江苏、安徽、湖北、四川、云南、贵州等省出现旱象。夏季高温少雨，淮河流域大部和长江中下游部分地区干旱持续3 ~ 5个月，形成夏秋连旱。江苏、安徽、江西、湖北、湖南、四川等受旱成灾面积均占全国的38%。

5 2000年全国大旱

2000年，我国大部分地区降水偏少，春季风多风大并频繁出现沙尘暴天气，夏季气温偏高，江河来水总量偏少，水利工程蓄水严重不足，春旱和夏旱波及北方大部和南方部分地区，致使20多个省（区、市）发生严重旱灾，尤其是东北西部、华北大部、西北东部、黄淮及长江中下游地区旱情极为严重，给农、牧、林业生产造成了重大损失，也给城乡居民生活和工业生产带来很大影响。

旱情从3月份开始在各地陆续露头并急剧发展，至4月下旬，华北、西北、江汉、黄淮大部旱情已发展到十分严重的程度，西南东部旱情也开始发展。东北大部从5月中旬开始持续出现晴热少雨天气，是90年代以来春末夏初降水最少的一年。由于严重旱情发生在冬小麦返青生长及春播、夏种的关键时期，给全国农业尤其是粮食生产造成了巨大损失，也给林、牧业生产造成重大影响。以吉林、黑龙江、辽宁、内蒙古、山西、河北、陕西、安徽、山东、四川、甘肃、湖北、河南等省（区）灾情最为严重。据统计，2000年全国农作物因旱受灾面积6.08亿亩，其中成灾4.02亿亩，绝收1.20亿亩，因旱损失粮食5 996万吨，经济作物损失511亿元，受灾面积、成灾面积、绝收面积和旱灾损失都是新中国成立以来最大的。北方地区还有5 000多万亩耕地春播转为夏播，有2 300多万亩耕地因严重缺墒一直未能播种。新疆、天津、山西、山东、河南等省（区、市）因干旱少雨发生较大面积、高密度的蝗灾。

同时，因旱造成的农村人畜饮水困难。旱情严重期间全国有2 770万农村人口和 1 700 多万头大牲畜发生临时饮水困难。山西省一些地区拉运水距离达 20 千米以上。甘肃省重旱期间部分群众拉水往返路程达 80 千米，每方水卖到 80 多元。河北省一度有 300 多万人饮水困难，仅太行山区就有 38 万人外出拉水为生，争水抢水引发的纠纷频频发生，甚至造成了人员伤亡。

旱灾还给三北地区牧业生产造成巨大损失。辽宁省西部地区旱情严重期间有 160 万头牲畜严重缺水缺料，引发当地农民低价变卖牲畜，骡、马、牛只能卖到正常年景一半的价钱，而羊只能卖到正常年景的二至三成。由于缺水缺料，山西省吕梁地区有 2 000 多头牛吃了含毒的栎树芽被毒死。

由于干旱，城市缺水问题突出。全国有 18 个省（区、市）的 620 座城镇（含县级政府所在地）缺水，影响城镇人口 2 000 多万人。天津、烟台、威海、长春、承德、大连、鞍山、营口等大中城市不得不采取一些非常规的节水措施。

6 2006 年川渝大旱

2006 年，重庆及四川东部发生了百年一遇的特大干旱，其历时之长、强度之大、范围之广、损失之重均为自 1891 年有资料纪录以来之最（图 10–4）。

图 10–4　2006 年川渝大旱重庆云阳干涸的水塘

在重庆所辖的40个区县（市），有37个区县为特大干旱，3个为严重干旱，影响人口超过2 100万人。四川旱期历时半年，春、夏、伏旱波及21个市，影响范围达35.8万平方千米，影响人口超过4 700万人。川渝特大干旱对两省市农业、工业、林业、旅游、人畜饮水、水利电力以及人民生活等方面造成了严重的危害和损失。

据测算，旱灾造成两省市损失粮食900多万吨，经济林木枯死400多万亩，森林过火面积1.3万亩，造成直接经济损失200多亿元，企业减少产值115亿元。重庆作物受灾面积为接近2 000万亩，损失粮食291.8万吨，水果、蔬菜减产30%以上，经济林木枯死300多万亩，森林过火面积1.3万亩，造成直接经济损失90多亿元，因高温、限电、限水等造成企业减少产值45亿元。四川作物受灾面积达3 000多万亩，损失粮食600多万吨，农业直接经济损失125亿元，林业损失近20亿元，工业损失近70亿元。

特大干旱共造成两省（市）1 500多万人、1 600多万头大牲畜临时饮水困难，有282万群众近1个月时间靠政府送水维持基本生活用水。重庆有2/3的乡镇（街道）出现供水困难，人畜饮水困难数超过800万，占农村总人口的40%左右。

7 2009年特大春旱

2009年春天，我国发生了很严重的干旱，国家启动了Ⅰ级抗旱应急响应，河南省冬麦区启动了Ⅰ级抗旱应急响应，安徽省冬麦区启动了Ⅰ级抗旱应急响应。此次春旱入选中国世界纪录协会2009年度最强春旱。这次的春季干旱是分成两个阶段发展起来的。

第一个阶段是年初冬小麦主产区的冬春旱，从2008年11月开始至2009年2月上旬结束，在这3个多月里，我国大部分地区降水明显偏少，特别是华北、黄淮和西北东部冬小麦主产区最为严重，累计降水量不足10毫米，较正常年同期偏少五至九成，一些地区基本无降水。受降水大幅度偏少的影响，2008年12月中旬冬麦区大部旱情露头并持续发展。2月上旬达到受旱高峰，其中冬小麦主产区的河南、安徽、山东、江苏、山西、陕西、河北、甘肃

8省是主要的受旱省，占全国作物受旱面积的95%，与此同时，有400多万人、200多万头大牲畜因旱发生饮水困难，旱区部分群众要到15千米以外地方拉水。由于旱区全力抗旱浇灌，以及后期多次出现降水过程，2月中旬后冬麦区旱情逐渐缓解。

第二阶段是继冬麦区之后发生在东北、西北和西南地区的春旱。进入2009年3月份，我国大部分地区降水偏少，其中东北西南部、西北东北部以及西南南部比较严重，累计降水量偏少3～8成，旱情发展很快。特别是三北地区（东北、西北、华北）受持续高温少雨大风天气影响，耕地土壤缺水严重。3月中旬受旱面积达到高峰。山西省一些地区持续108天没有有效降水，旱情严重的阳泉市有234个村、7.5万人发生饮水困难，一些群众要到十几千米外定点供水点拉水，水价上涨很厉害，每吨水价在20元以上，再加上运费，人们生活用水成本很高。

这次严重春旱具有旱情发生早、持续时间长、结束晚和受旱面积大、局部地区灾害严重的特点。冬麦区大部去年12月中旬就开始出现旱情，干旱发生时间明显早于常年。另外，大部分旱区旱情持续时间长。年初黄淮部分重旱区受旱时间超过3个月，为历史同期罕见。年初冬小麦主产区越冬作物受旱面积比常年同期多近一倍，为近6年来同期最大。

8 2010年春西南大旱

2009年入秋以后，西南地区降水持续偏少，至2010年3月下旬，云南、贵州、广西、四川和重庆5省（区、市）大部降雨总量与多年同期相比偏少5成以上，部分地区偏少7成以上，接近或突破历史极值。云南省的昆明、楚雄、曲靖、昭通、红河等地7个月累计降水量不足100毫米，贵州省西南部分地区连续235天无有效降雨，四川攀西地区连续无雨日达160多天。

西南地区旱情持续时间之长、发生范围之广、影响程度之深、造成损失之重，均为历史罕见（图10–5）。

西南5省（区、市）因旱直接经济总损失769亿元，约占西南5省（区、市）GDP总数的2%。

图 10-5　2010 年春西南大旱

（图片来源：http://www.3.upweb.net/index241-img/showlog.php）

受降雨、来水和蓄水持续偏少影响，西南地区旱情迅速蔓延发展。2010 年 4 月初旱情发展到高峰，耕地受旱面积一度达 1.01 亿亩，占全国耕地受旱面积的 84%；有 2 088 万人、1 368 万头大牲畜因旱饮水困难，分别占全国人畜饮水困难数量的 80% 和 74%，云南大部、贵州西部和南部、广西西北部旱情达到特大干旱等级，云南省旱情为新中国成立以来同期最重。

此次干旱灾害期间，人畜饮水问题最为突出。另外，农产品物价上涨、西南地区旅游业受损严重，森林大火也层出不穷，各种因素给经济社会带来了巨大的危害。

9　20 世纪 30 年代北美洲特大旱灾和黑风暴

1934 年 5 月 11 日凌晨，加拿大西部和美国西部草原地区发生了一场人类历史上空前未有的黑色风暴。风暴整整刮了三天三夜，形成一条东西长 2 400 千米、南北宽 1 440 千米、高 3 400 米的黑色风暴带。风暴带移动迅速，几乎横扫了美国领土的 2/3。从西海岸到东海岸，仅芝加哥一天降落的沙尘就达 1 242 万吨，风暴还把重约 3 亿吨的沃土白白刮进了大西洋。这次黑色风暴袭击造成的直接后果就是，当年美国的冬小麦严重减产，比过去 10 年减少 51 亿千米。风暴经过的地方，溪水断流，水井干涸，田地龟裂，庄稼枯萎，牲畜渴死，16 万农民被迫逃离西部地区流落他乡。《纽约时报》在当天头版头条位置刊登了专题报道，不仅美国人被震惊了，全世界都被震惊了。

这场骇人听闻的黑色风暴到底从何处而来，竟然给北美洲带来这么大的危害？这要追溯到 19 世纪美国大平原的大范围开垦时期。

在欧洲人到来之前，美国中部大平原只是野牛、羚羊等野生动物生息和印第安人狩猎之地，土地的利用与自然环境是很协调的。19 世纪末大批农民首次进入该地区，开始了大规模的农业开发，天然草场被翻耕，从此这个地区的风蚀过程逐渐加剧。由于开发者对土地资源不断开垦，大量森林被砍伐，致使土壤风蚀严重，发生了连续不断的干旱。这更加大了土地沙化现象。在高空气流的作用下，尘粒沙土被卷起，股股尘埃升入高空，巨大的灰黑色风暴带就这样形成了。

20 世纪 30 年代初期，农业开发已经导致局部沙尘暴频繁发生。流沙掩埋农田，危害基本生活环境，许多农民不得不迁出大平原。沙尘暴的危害到 1934 年 5 月达到了最严重的程度，半个美国被铺上了一层沙尘，人们将这一时期称作“肮脏的 30 年代黑风暴”。

“黑风暴”的爆发，是对人类破坏环境的行为的一种警告。但人类的拓荒并没有因为沙尘暴的发生而偃旗息鼓，沙尘暴也没有销声匿迹。前苏联以及南美的一些国家都因毁林垦荒、植被破坏而屡屡受到过风蚀的侵袭。

北美的黑风暴灾难向我们揭示：要想避免大自然的复仇，人类一定要按客观规律办事。也就是说，人类在向自然界索取的同时，还要自觉地做好人类生存环境的保护，否则将会自食恶果。

10 1965 ~ 1967 年印度干旱

印度位于亚洲南部，是南亚次大陆最大的国家。“印度”梵文的意思是月亮，中文名称是唐代高僧玄奘所著《大唐西域记》中的译法，在这以前称天竺或身毒。面积约 298 万平方千米（不包括中印边境印占区和克什米尔印度实际控制区等）。印度全境分为德干高原和中央高原、平原及喜马拉雅山区等三个自然地理区。属热带季风气候，气温因海拔高度不同而异，喜马拉雅山区年均气温 12 ~ 14℃，东部地区 26 ~ 29℃。

印度的自然地理位置及条件决定了这是一个经常遭受旱灾影响的国家，易旱面积约占全国面积的 1/3，降水的地区差异很大。7 月和 8 月是西南季风的鼎盛时期，印度全境几乎都受影响，但影响程度各异，再加上地形等因素的干预，降水的地区分布很不平衡。西南季风分成两股气流进入印度次大陆。从孟加拉湾进入的气流向东北移动，在布拉马普特拉河和苏尔马河流域引起大雨。位于梅加拉亚高原南侧的乞拉朋齐年降水量达 11 430 毫米，为世界"雨极"之一。另一股从阿拉伯海进入的气流造成了西高止山迎风坡的地形雨，使这一带的年降水量超过 2 500 毫米，而东南背风坡降水却不到 1 000 毫米，大片内陆高原更少至 350 ~ 750 毫米。降水少而且不稳定，使马哈拉施特拉邦中部、卡纳塔克邦东部和中部等地经常发生干旱。

以古吉拉特邦为例，该邦降雨量小且变差系数大，加之受灌溉设备的限制，因此经常受到干旱和饥荒的威胁。1965 ~ 1967 年的干旱，使该邦 5 000 ~ 6 000 个乡村受到影响；在 1968 ~ 1969 年的干旱中，10 000 个乡村中的 880 万人受到影响；1972 ~ 1973 年干旱，该邦 16 个县受影响，受灾人口达 1 340 万。1985 ~ 1986 年的干旱是近年中最严重的一次，19 个县中有 17 个受到不同程度的影响，波及 18 000 个乡村中的 14 000 个乡村，受灾人口达 1 833 万人，占该邦总人口的 60%。

干旱给印度的农业生产带来了极为严重的后果，造成大幅度减产，有的地方甚至颗粒无收。如 1965 ~ 1966 年，马哈拉施特拉邦因干旱水稻无法插秧，棉花种子不能发芽而不得不重播，结果作物产量大幅度下降，如每公顷产量水稻下降了 37%，棉花下降了 17%，花生下降了 43%。1973 年的旱灾影响了 2 亿人口的生活。1980 年北部和中部 17 个邦和直辖区又发生了 60 年未遇的大旱灾，使平时水流汹涌的恒河和朱木拿河的水位降低了 10 米左右，渠涸塘干，全国粮食减产了 1 200 万吨。1982 ~ 1983 年又遇大旱，粮食产量比上年度降低 4.7%，油料和黄麻分别下降 12% 和 14%，这一年度政府不得不进口粮食 395 万吨。

11 1968 ~ 1991 年撒哈拉和苏丹地区特大旱灾

1968 ~ 1991 年非洲特大干旱。此间长达 20 年的非洲持续大旱，有 30 多个国家受灾，仅 1984 ~ 1985 年，旱灾就造成 120 万人死亡。这次被称为“世纪特大干旱”的灾难后，成立了联合国环境规划署和联合国苏丹——撒哈拉办公室。

1968 ~ 1972 年，苏丹—撒哈拉地区遭受了人类有史以来最为严重的一次大旱灾，在这段灾难期间，有 20 多万人及数以百万计的牲畜死亡。这便是骇人听闻的“苏丹—撒哈拉灾难”。

12 美国近年的干旱

美国中西部自 1987 年末开始出现降水不足，1988 年发生了 1930 年以来最严重的干旱。1988 年 4 ~ 7 月，全美约一半地区的降水量不到平水年降水量的 75%，北部一些地区的降水量则在平水年的 50% 以下，密西西比河沿岸有些地区的降水量还不到平水年的 25%。

由于降雨量减少，全美 43 条大河中有 41 条的径流量低于平水年。特别是密西西比河、哥伦比亚河出现了历史上最低的枯水流量。密西西比河维克斯堡 1988 年 5 月下旬至 7 月中旬的径流量比 1928 ~ 1986 年的最小月平均流量还要低，水位比平水年降低 5 米。1988 年，密西西比河出现 120 年以来的最低水位。干旱期间，美国全国的水库蓄水水位都在平水年以下。垦务局在密苏里河上游的 80 座水库的蓄水量不到满库水量的 50%，有些水库甚至没水。中西部至中东部的地下水位比平水年平均降低 0.6 ~ 1.2 米，有些地区甚至抽不出地下水。

1988 年干旱给农业造成很大损失，其中，玉米比 1987 年减产 36%，大麦减产 49%，小麦减产 9%，大豆减产 17%；水位降低也给航运造成损失，无法通航的河段 6 月份达 72 处。居民生活用水也受到限制。

田纳西流域管理局所辖河流的某些河段，因流量低而缺氧，使鱼类无法

生存。此外，湿润地区的一些鸟、鹿以及羚羊等动物也因干旱而使数量减少；森林火灾比 1987 年同期增多 1.9 万次，到 1988 年 11 月已发生火灾 5.6 万次。

美国加利福尼亚州近几十年也多次发生特大干旱。1975 ~ 1976 年的干旱是美国历史上的第三次大干旱，而随后的 1976 ~ 1977 年的干旱又打破了这一纪录。1976 年 10 至 1977 年 4 月的降水量只有平水年的 20% ~ 60%，大部分地区在 40% 以下，中部地区在 30% 以下，没有灌溉设施的农田内的农作物全部绝收，畜牧业约减收 5 亿美元。由于干旱，森林火灾频频发生，造成 14.2 万公顷的森林被毁。水力发电只有平水年发电量的 37%，为弥补电力不足而从其他州购电或采用其他火电等电力的费用约 5 亿美元。服务业也因湖水、河水减少而损失巨大。1977 年抽取的地下水比平水年增加了 37 亿立方米，抽水消耗大量电能。

1987 ~ 1992 年，加州经历了历史上第二次最严重的干旱考验。这 6 年，全州的降水量只有平水年的 45%，河流流量只有平水年的 50%。到 1990 年年底，绝大多数居民被迫减少用水，农业用地表水大幅度消减，地下水水位降到历史最低水平，州内的许多河流断流、湖泊干涸。1987 ~ 1990 年，占平水年来水量 90% 的萨克拉门托河和圣华金河的来水量不到平水年的一半，1991 年则不到平水年的 1/3。中央河谷工程正常供水量约为 87.6 亿立方米，1991 年基本放空，供水系统也只能提供 43.2 亿立方米的水量。

13 21 世纪初澳大利亚连年干旱

尽管澳大利亚四周环海，有些地方的年降雨量超过了 1 200 毫米，但这里却是人类居住的最干旱的大陆国家。这是由于气候在该国地理变化和年际变化都比较大的缘故。

澳大利亚是世界上最平坦、最干燥的大陆，中部洼地及西部高原均为气候干燥的沙漠，能作为畜牧及耕种的土地只有 26 万平方千米。沿海地带，特别是东南沿海地带，适于居住与耕种。这里丘陵起伏，水源丰富，土地肥沃。除南海岸外，整个沿海地带形成一条环绕大陆的“绿带”，正是这条“绿带”养育了这个国家。

澳大利亚气候比欧洲或美洲温和，尤其是北部，气候与东南亚及太平洋地区相近。在昆士兰州、北领地及西澳大利亚州，1 月份的温度白天平均为 29℃，夜间为 20℃；而 7 月份的平均气温分别约为 22℃及 10℃。

澳大利亚所处的纬度带决定了它的气候，南回归线横贯澳大利亚中部，全国有 2/3 的领土面积受到副热带高压带和东南信风带控制，因此内陆地区气候炎热而干燥，只有东北部是低纬以及受东南风的影响为热带雨林气候，东南受季风及所处大陆位置不同影响有温带海洋气候，地中海气候，亚热带湿润性季风气候。从多年的平均值上看，在十年之内有三年降雨较好的情况和三年降雨极端缺乏的情况。这种起伏变动有多种因素，但是最强的影响因素是被气候学家称为“南方振动”的气候现象，这主要是存在于亚洲和东太平洋地区的一种气压变化所导致的，最极端的变化就是人们所熟悉的厄尔尼诺现象。

澳大利亚在很多情况下，干旱灾害非常严重。研究表明，澳大利亚一些地区的严重旱灾大约每 18 年发生一次，这并不表明这些地区每 18 年均匀遭受一次严重的干旱灾害，严重旱灾中间的间隔为 4 ~ 38 年。

澳大利亚全国性的干旱也不多见，有些干旱持续时间长，有些持续时间短，但都造成明显的破坏。有些具有区域性。

澳大利亚 2002 年曾发生百年一遇的严重干旱，此后旱情稍有缓解，但从 2006 年开始干旱又趋于严重，导致主要农作物大幅减产，产品价格大幅度上涨，整体经济增长放缓。

小结

干旱灾害不是哪个国家所特有的，也不是哪个时期所特有的。本章回顾了国内外 20 世纪初到现在的重大干旱灾害事件，这些灾害都造成了巨大的影响和损失，也给人类留下了深刻的记忆。20 世纪初的北方大旱、1959 ~ 1961 年连续 3 年大旱、1972 年海河流域大旱、1978 年江淮大旱、2000 年全国大旱、2006 年川渝百年不遇的特大干旱、2009 年北方冬麦区特大春旱以及 2010 年西南大旱等，都给我国社会经济可持续发展带来了巨大而深远的影响。另外，印度、北美洲、撒哈拉及苏丹、澳大利亚的典型干旱灾害事件的影响也是触目惊心。

第十一章 防旱抗旱应对措施

为了应对干旱灾害及其造成的影响，我们建立了比较完善的工程措施及非工程措施体系，其中很多措施并不为大家所熟知。这一章中，我们重点介绍新中国成立以后抗旱的主要方法和手段。

1. 抗旱都涉及哪些方面

抗旱，是指通过采取工程措施或者非工程措施，预防和减轻干旱灾害对生活、生产和生态造成不利影响的活动。

根据对象的不同，可分为农业抗旱、城市抗旱和生态抗旱。①农业抗旱是指通过发展灌溉、旱作农业，治理水土流失，推广节水技术，建立抗旱服务体系等措施，减轻干旱对农业造成的影响和损失，确保人畜饮水安全的活动。②城市抗旱是指当城市遭遇干旱时，采取行政、法律、工程、经济、科技等手段，通过应急开源、合理调配水源和采取非常规节水等手段，减轻干旱对城市造成的影响和损失，确保城市供水安全的活动。③生态抗旱是指通过调水、补水、地下水回灌等补救措施，改善、恢复因干旱受损的生态系统功能的活动。不论是农业抗旱、城市抗旱或者生态抗旱，其根本都在于能否提供足够的水资源，而这在很大程度上就取决于水利设施的状况。

2 我国的抗旱主管部门是谁

按照《中华人民共和国防洪法》、《中华人民共和国抗旱条例》和国务院“三定方案”的规定，国家防汛抗旱总指挥部在国务院领导下，负责领导组织全国的防汛抗旱工作。

国家防汛抗旱总指挥部（简称为国家防总）的抗旱职责主要是组织、指导、协调、监督全国的抗旱工作；组织拟订抗旱政策法规、规章制度、规程规范、技术标准等并监督实施；组织指导全国干旱影响评价工作；组织编制全国大江大河大湖及重要大型水库的水量应急调度方案并监督实施；组织指导全国抗旱规划和省级抗旱规划的编制，全国重点干旱地区、重点缺水城市抗旱预案的制定与实施，组织指导国家跨流域、跨省区的应急调水；组织指导和监督江河湖泊和水利、水电工程的应急调度；掌握和发布全国旱情和灾情，组织抗旱指挥决策和调度；负责管理中央特大抗旱经费，组织指导全国抗旱物资的储备与管理；承办国家防总及水利部领导交办的其他事项。

3 你知道《中华人民共和国抗旱条例》吗

在前面提到过《中华人民共和国抗旱条例》（以下简称《抗旱条例》），它是2009年2月11日国务院第49次常务会议审议通过，并于2009年2月26日以国务院第552号令正式颁布实施。

《抗旱条例》是我国第一部规范抗旱工作的法规，填补了我国抗旱立法的空白，标志着我国抗旱工作进入有法可依的新阶段，是抗旱工作的一个重要里程碑。在今后一段时期里，我国将继续全面建设小康社会和实现中华民族伟大复兴，在这个关键历史阶段，各种经济社会矛盾会随着日益凸现。所以，《抗旱条例》的出台，对规范抗旱工作，促进我国经济社会的全面协调可持续的发展，建立社会主义法治国家都具有重要的意义。

《抗旱条例》包含了很多内容，例如，条例的适用范围、抗旱工作的基本原则、抗旱工作的职责、抗旱规划的编制与实施、抗旱预案的编制与实施、抗旱信息的建设与管理、紧急抗旱期的管理、抗旱的保障措施、抗旱的法律责任等。

4 什么是抗旱工作的两个“转变”

2003 年国家防总提出了防汛抗旱“两个转变”的防灾减灾战略，即由控制洪水向洪水管理转变，由单一抗旱向全面抗旱转变。所谓从单一抗旱向全面抗旱转变，是指根据经济社会发展需求，扩大抗旱工作的领域和内容，从主要为农业和农村经济服务转向为包括农业、城市、生态在内的整个经济社会发展服务，从注重农业效益转变为注重社会、经济和生态效益的统一，从被动抗旱转变为主动防旱，最大限度地减轻干旱灾害对整个经济社会以及生态环境造成的损失和影响。

主要包括以下 3 个方面内容：一是扩大抗旱领域。抗旱领域从农业扩展到各行各业，从农村扩展到城市，从生产、生活扩展到生态，这是由于干旱灾害不仅影响到农业，对工业、城市、生态等的影响也逐年加重，抗旱领域的扩展是国民经济和社会协调发展的需要，也是社会进步的需要。二是抗旱手段的多元化。水是人类生存的基本需要，当人类面临干旱缺水威胁时，必须采取一切可能的措施解决水的问题，包括法律、行政、经济、工程、技术等手段。当前我国正在实行并逐步完善社会主义市场经济体制，抗旱工作更应注重经济与法律手段。三是变被动抗旱为主动抗旱。采取综合措施，加强工作前瞻性，增强预案可操作性，提高抗旱工作的主动性，防患于未然，这是我国经济发展和社会进步的必然要求。

5 你知道红、橙、黄、蓝四色干旱预警吗

我们外出时会经常遇到红绿灯，红灯停，绿灯行。灯的三种颜色，红、黄、绿分别给人一种紧急、稍缓和、缓和的感觉。在干旱学科中，也用了不同的颜色来直观地代表干旱的严重和紧急程度。这就是干旱预警的红、橙、黄、蓝色。

按照国家有关规定和实际情况，将我国干旱预警应急等级按照灾害严重性和紧急程度，分为特大干旱（Ⅰ级）、严度干旱（Ⅱ级）、中度干旱（Ⅲ级）和轻度干旱（Ⅳ级）四级，分别用红色、橙色、黄色和蓝色表示。这个等级的划分在国家、省区市不同范围内，划分标准是不同的。

干旱预警由国家、省（区、市）、市、县人民政府抗旱防汛指挥部负责管理。根据国家有关法律法规，气象、农牧业、水利等部门向同级人民政府提供干旱监测、预测预警决策信息，政府部门根据干旱灾害严重程度启动预警应急预案。各部门开展的常规干旱监测、预警评估业务信息，供内部业务使用或在授权的新闻媒体、政府办公网、公众传媒上发布。

6 如何划分抗旱应急响应的级别

根据《国家防汛抗旱应急预案》，我国抗旱应急响应机制共分为 4 级，最高级别为Ⅰ级，最低级别为Ⅳ级，具体如下。

（1）当出现下列情况之一时，启动Ⅰ级抗旱应急响应：多个省、自治区、直辖市同时发生特大干旱；多座大型以上城市同时发生极度干旱。

（2）当出现下列情况之一时，启动Ⅱ级抗旱应急响应：数省、自治区、直辖市同时发生严重干旱；多座大型以上城市同时发生严重干旱；一座大型以上城市发生极度干旱。

（3）当出现下列情况之一时，启动Ⅲ级抗旱应急响应：数省、自治区、直辖市同时发生干旱灾害；多座大型以上城市同时发生中度干旱；一座大型以上城市发生严重干旱。

（4）当出现下列情况之一时，启动Ⅳ级抗旱应急响应：数省、自治区、直辖市同时发生轻度干旱；多座大型以上城市同时因干旱影响正常供水。

7 抗旱轻骑兵说的是谁呢

抗旱服务组织是基层水利部门组建的应急抗旱专业队伍，在发生干旱时为旱区群众提供拉水送水、流动浇地、设备维修和技术指导等服务。抗旱服务组织是对水利工程抗旱能力的重要补充，具有机动灵活、快速反应的特点，是抗旱减灾的一支重要生力军，被誉为抗旱轻骑兵。

抗旱服务组织包括省、市、县、乡四级，分别为省抗旱服务总站、市抗旱服务中心站、县抗旱服务站（队）及其乡镇分站（队），其业务工作受同级水行政主管部门领导和上一级抗旱服务组织的指导。同时，还鼓励、提倡农民自愿建立抗旱协会、合作社等合作性组织，鼓励和提倡农民、企业等社会力量，以设备、资金、技术和土地使用权等入股，采取股份制、股份合作制与抗旱服务组织建立民主管理的组织形式，利益共享、风险共担的经营机制和完善的抗旱服务网络。

各级抗旱服务组织根据同级人民政府和防汛抗旱指挥机构的指令开展应急抗旱服务工作。其工作内容主要有：①为旱区群众拉水送水；②进行抗旱应急浇地；③提供抗旱设备、物资的维修、租赁等；④开展打井洗井、清淤疏渠、挖塘修窖、拦河筑坝等抗旱应急水源工程建设，参与工程运行、维护和管理；⑤开展抗旱技术培训，组织推广应用抗旱节水新技术、新设备、新工艺。

8 抗旱有哪些措施

我们讨论了很多干旱与旱灾问题，也了解了抗旱的概念和主管部门，那么抗旱的时候到底要做什么呢？

抗旱措施主要有工程措施和非工程措施两大类。抗旱工程措施主要有蓄水工程，包括水库、塘坝、水窖等；引水工程，包括有坝引水、无坝引水；提水工程，包括机电排灌站、机电井；调水工程等。不同类型的水利工程通常是特定自然环境的产物，不同地方适宜建设不同的水利工程。如南方多蓄水工程，北方多引水工程，山区多蓄水工程，平原多提水工程，南方多水库塘坝，北方多机电井等。虽然不同区域水利工程类型不尽相同，但在同一区域中，常常需要蓄、引、提、调等多措并举。另外，灌溉工程是节水灌溉的重要工程措施。抗旱非工程措施是指通过政策、法规、行政管理、经济、科技等抗旱工程以外的手段来减少干旱灾害损失，包括抗旱组织机构保障、抗旱法规和制度、抗旱规划、抗旱预案、抗旱信息管理、抗旱经费及物资保障、抗旱服务组织、抗旱水量调度以及农业抗旱节水技术等。

在接下来的问题中，我们将对上述的抗旱措施做具体的介绍。

9 什么叫望天田

望天田，我们可以从字面上试着理解一下，望着天空的田地，望着天空做什么呢？企盼天空降水来浇灌田中的庄稼以保丰收（图 11-1）。这样我们就不难理解了，望天田是指没有灌溉用的渠道和抽提水设施，主要依靠天然降雨来满足作物生长所需的水量。当然，望天田的存在并不是只因为雨水充足不需要灌溉设施，有些地方的望天田也是由于地形和经济因素无法实现或者很难实现灌溉所形成的。望天田一般是用来种植水稻、莲藕、席草等水生作物的耕地，包括无灌溉设施的水旱轮作地。我国的望天田分布广泛，主要分布在山地、丘陵等地区，这些地区地形不平坦，集中的耕地很少，经济相对落后。望天田受气候影响非常大，降水的多少直接关系到田里作物得到水量的多少，所以在气候干旱的情况下最容易发生农业干旱。

图 11-1　古代祈雨

（图片来源：http://www.dl-library.net.cn）

10 除了水库，还有什么可以储蓄水源以备不时之需呢

上面的问题中提到抗旱工程措施，我们首先来认识一下蓄水工程。很多或大或小的工程和设施都是用来蓄水之用。例如，水库、塘坝、水窑、蓄水池甚至房屋顶和人工湖。我们来一一认识它们。

水库是指在山沟或河流的狭口处建造拦河坝拦蓄河川或山丘区径流形成的人工湖泊。水库可起到防洪、蓄水灌溉、供水、发电、养鱼等作用。例如，遇到大雨，上游的水可以暂时存到水库里面，这就减轻了下游河道的压力；遇到干旱，库里面的水可以用来浇灌农田。有时天然湖泊也称为水库或天然水库。水库规模通常按库容大小划分。总库容在 10 万 ~ 1 000 万立方米的称为小型水库；库容在 1 000 万 ~ 1 亿立方米的称为中型水库；库容大于 1 亿立方米的称为大型水库。

塘坝是拦截和贮存当地地表径流的蓄水量不足 10 万立方米的蓄水设施。

水窑（图 11–2）是在土崖上开挖的窑洞状的地下贮水设施。它和水窖都是地下储水，因为形状像窑洞，所以名为“水窑”。建设水窑一般是利用垂直崖面先挖洞，后挖窖（池）。根据群众经验，水窑宽度不宜大于 5 米，窑顶上土体厚度应大于 3 米，水池深度不大于 4 米。窑长按照要求的贮水体积确定并不宜大于 5 米。水窑可采用水泥砂浆或黏土防渗，防渗要求和水窖类似。

图 11–2 水窑

图 11–3 蓄水池

（图片来源：http://news.sina.com.cn/c/2008–06–13/143014013820s.shtml）

拱顶支护当土质较好时，可采用厚度 3 ~ 4 厘米的水泥砂浆抹面；土质较差时，应采用混凝土、浆砌石或砖砌体支护。

蓄水池（图 11–3）可分为普通蓄水池和调压蓄水池，其中普通蓄水池又有开敞式和封闭式之分。按照防渗材料不同，又有砖砌池、浆砌石池，混凝土池等。涝池依靠沉积的淤泥防渗。水池内一般设置爬梯，池底设排污管。封闭式蓄水工程设清淤检修孔，开敞式水池设护栏。

利用城市屋顶绿化为雨水集雨面，收集自然降雨并经简单处理后用于家庭、公共场所和工业等方面，如浇灌绿地、冲厕、洗衣、冷却循环等对水质要求不是很高的用途，这样可以有效节约饮用水，减轻城市排水和污水处理系统的负荷，改善生态环境等多种效益。这是一种绿色、环保、节水、节能的系统。可削减路面径流量、减轻污染和城市热岛效应、调节建筑温度和美化城市环境，可谓一举多得。这种装置可布置在平屋顶或坡面屋顶上。屋顶植物根据当地气候和自然条件，筛选一些本地生的耐旱植物，多为色彩斑斓的矮小草本植物。上层土壤应选择孔隙率大、密度小、耐冲刷、且适宜植物生长的天然或人工材料。该技术已在德国和欧洲城市得到广泛应用。

利用居住小区内的人工湖容纳净化后的生活污水并收集雨水，然后用于绿地灌溉。湖内人工土壤植物净化技术对中水做处理，去除残余的氮、磷等污染物，提高景观湖水水质和景观功能，减轻了降水期间的排水压力，减少污水排放。将雨水、中水、景观水体有机结合，景观湖水流动和循环，增加水生动植物赖以生存的条件，提高水体的抗污染能力和净化能力，改善湖体和小区的自然景观效果，增加美感。另外，湖内养鱼，还可以增强观赏性。

11. 提水抗旱可行吗

提水工程是指从河道、湖泊等地表水或从地下提水的工程（不包括从蓄水、引水工程中提水的工程）。提水灌溉是指利用人力、畜力、机电动力或水力、风力等拖动提水机具提水浇灌作物的灌溉方式，又称抽水灌溉、扬水灌溉。我国的提水工程有很长的历史，提水工具从过去的水车、戽斗、戽桶慢慢发展到现在的机电井、泵站。

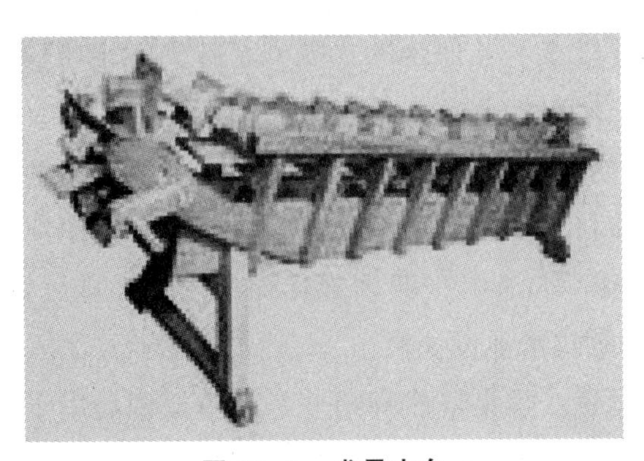

图 11-4　龙骨水车

（图片来源：http://baike.baidu.com/view/55768.html）

图 11-5　筒车

（图片来源：http://tupian.hudong.com）

龙骨水车又称翻车、踏车、水车，因为其形状犹如龙骨，故名“龙骨水车”（图 11-4），是一种用于排水灌溉的机械。龙骨水车适合近距离提水，提水高度在 1 ~ 2 米，比较适合平原地区使用，或者作为灌溉工程的辅助设施，从输水渠上直接向农田提水。用于井中取水的龙骨水车是立式的，水车的传动装置有平轮和立轮两种。由于它搬运方便，非常适合旧时农户使用，因此十分普及，尤其是在南方水浇地灌溉和排水应用更为广泛。唐代还曾由政府绘制和推广制作效率较高的水车规范样式。至今南方山区、丘陵区农民仍有使用。

筒车也称“水转筒车”（图 11-5），是一种以水流作动力，取水灌田的工具。大轮上半部高出堤岸，下半部浸在水里。当大轮受到水流冲激，轮子转动，水筒中灌满水，转过轮顶时，筒口向下倾斜，水恰好倒入水槽，并沿水槽流向田间。这种筒车日夜不停地取水浇地，不用人畜之力，功效高，大约产生于隋唐时代。直至今日，云、桂、川、甘、陕、粤等地仍在使用水力筒车。此外，还有“畜力筒车”，依靠齿轮传动带动筒车；“高转筒车”，通过两大轮，将低处的水带向高处，结构均巧妙合理，为我国古代人民的杰出发明。

戽斗是一种用柳条或竹、木制成的、两侧系有长绳的斗状提水工具，有记载始于元代。遇到旱年，在不能放置水车的河边，就用戽斗取水，拿两条绳子控制着，一人一条把水提上岸来浇灌庄稼。

泵站是利用机电提水设备将水从低处提升到高处或输送到远处进行农田灌溉与排水的工程设施。一般设置在大江大河下游（如长江、珠江、海河、辽河等三角洲）以及大湖泊周边的河网圩区。在地势平坦，低洼易涝，河网密布的地区，主要发展低扬程、大流量，以排涝为主、灌排结合的泵站工程；在以黄河流域为代表的黄土高原区，主要发展以灌溉供水为主的高扬程、多级接力的提水泵站；在丘陵山区，蓄、引、提相结合，泵站与水库、渠道贯通，可以解决地形高低变化复杂、地块分布零散的问题。

12 干旱少雨的地方能向雨水丰沛的地方“借”水吗

我国的水资源在空间上分布十分不均匀，大致呈南方多北方少的格局。而调水工程就是解决水资源与土地、劳动力等资源空间配置不匹配的工程技术手段，它可以实现水与各种资源之间的最佳配置，从而有效促进各种资源的开发利用，支撑经济发展。本节中说的调水工程是指跨流域调水工程，即通过在两个或多个流域之间调剂水量分布不均所进行的合理水资源开发利用工程。我国著名的调水工程有南水北调、引滦入津、引黄济青工程（图 11-6）等。

图 11-6　引黄济青工程

（图片来源：中华人民共和国水利部，兴利除害 富国惠民——新中国水利 60 年，中国水利水电出版社，2009）

调水不仅缓解或解决了缺水地区城市和工农业用水，而且带来了水力发电、防洪、航运、养殖、旅游等综合效益。大规模、长距离、跨流域调水，往往都有大量落差可以利用，为调水区和受水区提供廉价电能，有的调水工程甚至就是专门为水力发电而设计修建的。调水可以使缺水地区增加水域，导致水圈和大气圈、生物圈、岩石圈之间的垂直水气交换加强，有利于水循环，改善受水区气象条件，缓解生态缺水。调水还可以增加受水区地表水补给和土壤含水量，形成局部湿地，有利于净化污水和空气，汇集、储存水分，补偿调节江湖水量，保护濒危野生动植物。调水灌溉可以减少地下水的开采，有利于地表水、土壤水和地下水的入渗、下渗和毛管上升，潜流排泄等循环，有利于水土保持和防止地面沉降。

当然，调水在带来利益的同时也会有负面影响。例如，调水工程的淹没损失是不可避免的，如果处理不当，就会影响生态环境和经济发展、社会稳定。如移民安置，无论是后靠，还是远迁，都会给新的居住地形成一定的压力，可能还会造成毁林开荒、水土流失、生态环境恶化。又如库区清理，如果任其树木、房屋自由淹没，不仅会产生大量的一氧化碳，还有害于水质。调水还会导致调水江河径流量减少，产生河口咸水倒灌，破坏河口生态。输水线和受水区会因大量渗漏补给地下水，渠道发生盐碱化，尤其是高位输水地段。

13 节水灌溉与农艺节水何以节水

节水灌溉是根据作物需水规律及当地供水条件，高效利用降水和灌溉水，用尽可能少的水投入，取得尽可能多的农作物产出的一种灌溉模式，目的是提高水的利用率和水分生产率。节水灌溉不是简单地减少灌溉用水量或限制灌溉用水，而是更科学地用水，在时间和空间上合理分配和使用水资源。节水灌溉是相对的概念，不同的水源条件、自然条件和社会经济条件，对节水灌溉的要求也不同。节水灌溉有很多形式，主要包括喷灌（图 11-7）、滴灌、微灌等。

农艺节水针对灌溉之外的环节，从农作物的栽培、选种等技术入手，达

图 11-7　大型喷灌设备

（图片来源：中华人民共和国水利部，兴利除害 富国惠民——新中国水利 60 年，中国水利水电出版社，2009）

到减少作物耗水的效果。作为灌溉节水的辅助措施，农艺节水具有良好的节水增产效果。农艺节水也有很多种，按照农艺节水的机制，可以划分为包括调整作物种植结构、选育耐旱品种、适水种植的栽培技术，蓄水保墒的耕作技术，秸秆、地膜覆盖保墒技术，化学药剂抗旱保墒技术等。

14. 如何向天要水

正如诗中所说“黄河之水天上来”，大气降水是地球上水资源的最根本来源，古代，人们对雨的形成无法认知，对造福与危害人类的大自然的千变万化茫然无知，故在灾害面前束手无策。后来我们慢慢了解了水分循环的过程和原理，也逐渐在一定程度上控制着降水。人工增雨就是一个人类对水认识经历从无知到有知，从感性到理性的过程的体现。

在气象学中，把唤雨称为“人工增雨”。高空的云是否下雨，不仅仅取决于云中水气的含量，同时还决定于云中供水气凝结的凝结核的多少。即使云中水气含量特别大，若没有或仅有少量的凝结核，水气是不会充分凝结的，也不能充分地下降。即使有的小水滴能够下降，也终会因太少太小，而在降落过程中蒸发掉。基于这一点，人们就想出了一个办法，即根据云的性质、高度、厚度、浓度、范围等情况，分别向云体播撒干冰、丙烷等制冷剂，碘化银、碘化铅、间苯三酚、四聚乙醛、硫化亚铁等结晶剂，食盐、尿素、氯化钙等吸湿剂和水雾等，以改变云滴的大小、分布和性质，干扰中气流，改变浮力平衡，加速其生长过程，达到降水目的。人工增雨的方法多种多样，有高射炮、火箭、气球播撒催化剂法，飞机播撒催化剂法，还有地面烧烟法。

15 如何向海要水

我们的地球表面有 2/3 多都是海洋，水储量的 97% 为海水和苦咸水。可见，在这个蓝色的星球上，淡水资源是十分有限的，并且已经得到相对充分的利用，而丰富的海水利用起来却不是那么容易。海水的利用包括直接利用海水和海水淡化。海水的直接利用主要表现在电力、化工等行业的冷却用水，以及建材、印染等行业。在城市生活用水方面，如消防、公园的人工喷泉、洗刷，以及居民家庭用水量较大的卫生间冲厕等都可以利用海水。就目前经济技术水平而言，海水淡化的成本还是比较高的。随着科学技术的发展，其成本必然会进一步降低，不久的将来淡化海水将成为沿海地区的一种有实用价值的水资源。随着海水利用技术的不断进步和海水淡化成本的降低，海水利用将有广阔的前景。

海水中由于含有大量的盐类物质而不能够直接饮用。海水淡化就是利用海水脱盐生产淡水。这样，可以增加淡水总量，且不受时空和气候影响。海水淡化的技术主要有蒸馏、冻结、反渗透、离子迁移、化学法等方法。我们集中了几种海水淡化的方法一起比较。

表面看海水淡化很简单，只要将咸水中的盐与淡水分开即可。最简单的方法，一个是蒸馏法，将水蒸发而盐留下，再将水蒸气冷凝为液态淡水。这个过程与海水逐渐变咸的过程是类似的，只不过人类要攫取的是淡水。另一个海水淡化的方法是冷冻法，冷冻海水，使之结冰，在液态淡水变成固态冰的同时，盐被分离了出去。两种方法都有难以克服的弊病。蒸馏法会消耗大量的能源，并在仪器里产生大量的锅垢，相反得到的淡水却并不多。这是一种很不划算的方式。冷冻法同样要消耗许多能源，得到的淡水却味道不佳，难以使用。

一种新型的淡化方法是1953年问世的反渗透法。这种方法利用半透膜来达到将淡水与盐分离的目的。在通常情况下，半透膜允许溶液中的溶剂通过，而不允许溶质透过。由于海水含盐高，如果用半透膜将海水与淡水隔开，淡水会通过半透膜扩散到海水的一侧，从而使海水一侧的液面升高，直到一定的高度产生压力，使淡水不再扩散过来。这个过程是渗透。如果反其道而行之，要得到淡水，只要对半透膜中的海水施以压力，就会使海水中的淡水渗透到半透膜外，而盐却被膜阻挡在海水中。这就是反渗透法。反渗透法最大的优点就是节能，生产同等质量的淡水，它的能源消耗仅为蒸馏法的1/40。

在新兴的反渗透法研究方兴未艾的时候，古老的蒸馏法也改弦易辙，重新焕发了青春。常识告诉我们，水在常温常压下要加热到100℃才沸腾，产生大量的水蒸气。传统的蒸馏法只考虑了通过升高温度获得水蒸气的方式，耗能很大。而新的方法是将气压降下来，把经过适当加温的海水，送入人造的真空蒸馏室中，海水中的淡水会在瞬间急速蒸发，全部变成水蒸气。许多这样的真空蒸馏室连接起来，就组成了大型的海水淡化工厂。如果海水淡化工厂与热电厂建在一起，利用热电厂的余热给海水加温，成本就更低了。现在世界上的大型海水淡化工厂，大多采用新的蒸馏法。

人类早期利用太阳能进行海水淡化，主要是利用太阳能进行蒸馏，所以早期的太阳能海水淡化装置一般都称为太阳能蒸馏器。被动式太阳能蒸馏系统的例子就是盘式太阳能蒸馏器，人们对它的应用有了近150年的历史。由于它结构简单、取材方便，至今仍被广泛采用。目前对盘式太阳能蒸馏器的研究主要集中于材料的选取、各种热性能的改善以及将它与各类太阳能集热器配合使用上。与传统动力源和热源相比，太阳能具有安全、环保等优点，将太阳能采集与脱盐工艺两个系统结合是一种可持续发展的海水淡化技术。

太阳能海水淡化技术由于不消耗常规能源、无污染、所得淡水纯度高等优点而逐渐受到人们重视。

海水淡化是目前最有潜力也是几乎取之不尽的非常规水资源。在以色列等严重缺水国家，海水淡化已成为水资源的重要组成部分。目前，全世界有120多个国家和地区采用海水或苦咸水淡化技术取得淡水。据统计，海水淡化系统与生产量以每年10%以上的速度在增加。全球海水淡化日产量约3 500万立方米，其中80%用于饮用水，解决了1亿多人的供水问题。全球有海水淡化厂1.3万多座，全球直接利用海水作为工业冷却水总量每年约6 000亿立方米，替代了大量宝贵的淡水资源；全世界每年从海洋中提盐5 000万吨、镁及氧化镁260多万吨、溴20万吨等。沙特阿拉伯的海水淡化厂占全球海水淡化能力的24%。阿拉伯联合酋长国的杰贝勒阿里海水淡化厂第二期是全球最大的海水淡化厂，每年可产生3亿立方米淡水。亚洲国家如日本、新加坡、韩国、印尼与中国等也都积极发展或应用海水淡化作为替代水源，以增加自主水源的数量。海水淡化虽然耗电耗能，成本很高，但是意义重大。有人估计，海水淡化可能是21世纪诞生出的一种新型的生产淡水的水产业。

16 如何向人要水

前面的几个问题中，我们分别讨论了能向天要水的人工增雨技术和向海要水的海水淡化技术。在这个问题，我们就把眼光放到人类自己身上——向人要水。说得通俗一些，就是向人类用过的水中要水，增加水的重复利用次数。

简单讲，“水处理”便是通过物理的、化学的手段，去除水中一些对生产、生活不需要的物质的过程。污水处理一般来说包含以下三级处理：一级处理是通过机械处理，如格栅、沉淀或气浮，去除污水中所含的石块、砂石和脂肪、铁离子、锰离子、油脂等。二级处理是生物处理，污水中的污染物在微生物的作用下被降解和转化为污泥。三级处理是污水的深度处理，它包括营养物的去除和通过加氯、紫外辐射或臭氧技术对污水进行消毒。可能根据处理的目标和水质的不同，有的污水处理过程并不是包含上述所有过程。

目前，污水资源化在许多行业和地区都得到广泛实施。例如，将处理后的工业废水作为低质水源，用于火力发电厂、炼铁高炉的冷却水，石油化工企业中的一些敞开式循环水等；还有将含有大量氮、磷等营养物质，重金属及农药等有毒有害物质浓度较低的生活污水，用于灌溉农田；处理后的污水还可以用于地下水回灌，用于养殖水生生物，用作不与人体直接接触的水源、旅游水和景观水等。

我国各城市已陆续开始对居民生活用水征收污水处理费。一些缺水城市正在全面规划污水资源化的行动，城市清污排水设施和污水处理厂的建设将得到全面发展，城市污水处理率将会显著提高，回用量也将进一步增大，可以在发生严重旱情的时候作为应急水源利用。

国外也十分重视对城市生活污水的处理和再利用，积极开发污水资源，并以农业灌溉为主。在美国、日本、以色列等国，厕所冲洗、园林和农田灌溉、道路保洁、洗车、城市喷泉、冷却设备补充用水等，都大量地使用中水。近几年，国内有了一些再生水深化处理工程，主要用于工业冷却水、景观水体、生活杂用水和农业，应用范围比较广，应用前景较为乐观。2007 年北京市全年利用中水 4.8 亿立方米，相当于密云水库年供水量。

17. 面对干旱灾害，我们能做什么

面对干旱灾害，我们应该做点什么呢？在日常生活中，应当注意节约用水，虽然一个人的力量很有限，但是全体人的共同努力，效果仍然是很可观的。下面，列举了一些日常生活节水小贴士，可供大家参考。

（1）脸盆洗脸　人们洗脸时，可以在不关自来水龙头的情况下，用手捧水洗脸，洗脸过程中水龙头一直流水，也可以用洗脸盆洗脸，在盆中放一定量的水，然后捧水洗脸。两种方法的用水量相差很大。长流水洗脸时，洗脸耗时 2 ~ 3 分钟，水龙头一直开着的话会耗掉 16 ~ 24 升清水，人手捧起的水约占流水的 1/8 左右，其他的则白白浪费了。如果用脸盆洗脸，每人每次用 4 升左右水足矣。

（2）喷水式水龙头　具有能向上喷水的节水龙头在结构上采用了双出

水孔换向阀芯，并专门设计了一种带保护盖的调节阀，其特点是上下都能出水，并可以随意调节喷出水柱的高度。洗脸时，只需改变转换阀的方向，调节好喷水的水柱高度，就能得到适宜的洗脸喷泉，实现节水功能。既减少了洗脸时出现交叉感染的可能，也可节约70%的洗脸水。

（3）水杯刷牙　长流水方式刷牙，如果刷牙用时2～4分钟，就要流掉24升左右的水，大部分都浪费了，如果用水杯接水刷牙。这种方式一般只用3杯水，即一升左右，节水率达96%。

（4）及时修理漏水水箱　一些老水箱，由于使用时间长，某些阀门、止水橡皮老化，而出现了长期少量漏水问题。由于水流小，水声轻，往往不会引起人们的注意。水箱漏水的原因有很多，应根据不同原因及时进行维修。

（5）洗澡及时关水　洗澡用水约占生活总用水量的1/3。洗澡的形式不同，耗水量不同，长流水洗澡，用水量是120升左右，如果先冲湿后抹肥皂，再开水龙头清洗，用水40升左右。所以，应该做到：①尽量用淋浴，淋浴比盆浴省水。②熟练调节冷热水比例，一开龙头就能冲洗。③不要让喷头的水自始至终地流着，用时打开，抹肥皂时关闭，喷头不要开到最大，适中就好。④尽可能先从头到脚淋湿，不要分别洗头、身、脚。⑤洗澡要专心，抓紧时间，不要悠然自得，或边聊边洗，更不能利用洗澡的机会“顺便”洗衣服、鞋子。

（6）浴盆洗澡注意节水　一般条件下，盆浴比淋浴费水，但是巧安排，充分利用好浴缸洗澡水，也可达到节水效果。放水量不超过盆容积的1/3～1/2，更不能使水溢出；切忌一边放水，一边注水，造成浪费；浴后的水可用于冲洗厕所、拖地等。

（7）洗菜节水技巧　先择菜，去掉不能食用的部分，土豆、胡萝卜之类的蔬菜先削皮，后冲洗；洗菜时，一盆一盆地洗，尽量少用水龙头冲洗或最后冲洗一遍。淘米时尽量让米多浸泡一会，多翻洗几遍，淘洗2～3遍即可。

（8）养鱼养花节水技巧　养鱼根据鱼的大小、习性和对水的要求，分门别类分缸饲养，在观赏鱼的同时，按鱼的需要增氧补水，补水时既要考虑鱼的需求，又要注意节水。用鱼缸换出来的水浇花，比其他浇花水更有营养，能促进花木生长。养花要根据不同花卉的习性和生长期，把握好浇水的次和量。对喜湿性不高的花可以将湿润的纱布一端裹在花盆表面的土上，另一头放在水杯里，通过纱布的渗透作用供水。或者将底部扎个小孔的塑料瓶装满水，放在花盆里。干燥地区，可以在花盆底下放一个装有水的盘子，给花提供一个湿润的环境，平时只需每天给花喷少量水。浇花时间尽量安排在早晨和晚上，可用淘米水、洗菜水浇花。

（9）空调冷凝水回收 空调滴下来的水是从空气中凝结下来的冷凝水，一般条件是干净无害的，水质较好，酸碱度为中性，并且是软水，适合于洗衣服、洗菜、养花养鱼等。一台功率为2匹的空调，平均每小时可回收3升左右冷凝水，空调冷凝水的利用，不仅可以节水，回收的话还可以避免发出噪音和产生积水、绿苔等。

（10）剩茶水利用 剩茶水可以浇花，其中所含的物质对花草有益。茶水洗脚不仅可以除臭，还能消除疲劳，因为剩茶水中含有微量矿物质，如氨基酸、茶绿素。洗净头发后再用茶水洗一遍，能使头发乌黑亮丽。擦在眼睫毛上可以促进睫毛生长。

（11）及时修理“滴水”水龙头 “滴水”在一小时内会累积3.6千克的水，1个月的水量就足够一个人1个月的生活所用。而连续成线的小流水，每小时可集水17千克，每月就是12吨。所以，发现龙头滴水应及时维修，避免不必要的损失和浪费。

（12）洗衣节水窍门 洗衣机洗少量衣服时，水位定得太高，衣服在高水里漂来漂去，互相之间缺少摩擦，反而洗不干净，还浪费水。衣服太少不洗，等多了以后集中起来洗，也是省水的办法。先薄后厚。厚、薄衣物分开洗，可有效缩短洗衣机的运转时间和降低用水量。不同颜色的衣服分开洗，先浅后深。将衣服根据脏净程度、污物的类型分类，采取不同的洗涤方式、水位、洗涤时间和漂洗次数。先洗较干净的衣服，尽量少用洗涤剂并减少漂洗次数。如果将漂洗的水留下来做下一批衣服洗涤水用，一次可以省下30 ~ 40升清水。

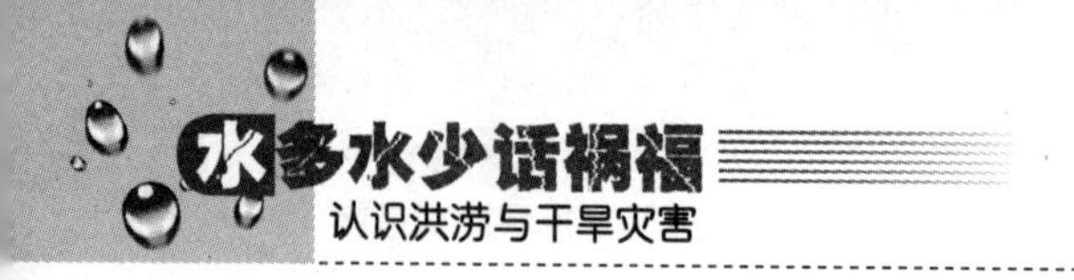

小结

抗旱是预防和减轻干旱灾害对生活、生产和生态造成不利影响的活动，涉及全社会各行各业，方方面面，是一项系统性、社会性、政策性极强的综合性工作。在前两章的基础上，本章从工程和非工程两个主要方面介绍应对干旱灾害的手段和措施。新中国成立以来，水利建设成就举世瞩目，初步形成了大中小微有机结合的水利工程体系，抗旱减灾工程体系已初具雏形，基本具备了抗御中等干旱的能力，为保障经济社会稳定发展和人民安居乐业作出了巨大贡献。对于各种抗旱措施，都有较详细的介绍。另外，还简单介绍了一些日常生活中的节水小窍门，让每个人都能够参与到抗旱工作中。

PART 12

第十二章

防旱抗旱措施实例

从古至今，聪明的人类想出了许多行之有效的应对干旱灾害的办法，有的政策和工程完好保留至今，仍发挥着巨大作用，其中的很多还代表了不同时期的文化和特色。在了解了抗旱工程和非工程体系之后，在这一章，我们着眼于具体的防旱抗旱措施实例，来看一看世界各地到底有哪些著名的防旱抗旱方法。

1. 如何理解“蠲赈仅惠于一时，而水利之泽可及于万世”

在古代，生产力水平低，承受灾害的能力极其脆弱，因此粮食生产是国家的主要经济支柱，凡是历代善为政者，无不思虑减灾救荒的办法，于是逐步形成了我国古代备荒救灾的政令——荒政。荒政的内容一般是强调在平时多储备粮食以备遇到荒年，周代《礼记·王制》中就提出“国无九年之蓄曰不足，无六年之蓄曰急，无三年之蓄曰国非其国”。这句话的意思是一个国家如果没有能够用九年的储备就要称作不足，没有可用六年的储备称作急需，要是连三年的储备都没有，那么这个国家就不能称为国家了。它强调了储备粮食等物资应对突发的自然和人为灾害对一个国家的重要性。从此，储粮备荒的思想引起了历代王朝的重视。为了储粮备荒，在秦朝以前，国家在县一级政府部门设立“预备仓”；西汉时，又在县以下乡级行政部门，设“常平仓”；到了隋代，又倡导民间储备粮食，设“义仓”；到了明代，又增设“社仓”。这些“仓”是按照设立级别大小来命名的。关于灾年分仓储备粮食的使用，明代《荒政·备荒》中明确提出按灾荒程度分仓粜粮：对一年无收的年份，则粜仓谷之半，即用预备仓中一半的粮食来救荒；遇到两年无收的年份，则粜仓古之全，即预备仓的全部粮食都用来救荒；如果遭遇三年无收的大饥年，则常平仓、义仓、社仓全部出粜，就是说，这种情况下，各类级别规模的粮仓都要利用来救荒了。我国古代的荒政，除了上述的建仓备粮、荒年购粮赈济这些措施外，政府还视灾情轻重相应颁布减免、缓征和薄征田赋的政令，以减轻荒年农民的负担，清代还实行过以工代赈等荒政措施。

我国古代的荒政曾提出“蠲赈仅惠于一时，而水利之泽可及于万世”，主张“末荒之年既需储粮备荒，更应致力于水利”，这句话的意思是，依靠政府赈济解决干旱灾害损失只能是一时的，而发展水利事业才是造福世世代代百姓的伟业。这是我国人民数千年实践经验的科学总结，足可见水利的重要。新中国几十年来的抗旱实践也表明水利设施在抗旱中具有特殊的地位，是做好抗旱减灾工作的坚实基础。

新中国成立以来，我国把发展农田水利事业、提高抗旱能力作为经济社会发展的重点，恢复、整修、扩建和新建了大量抗旱灌溉设施。到了2010年，农田有效灌溉面积达到9.05亿亩，占全国耕地面积的50%，粮食总产量5.46亿吨，亩产量为1949年的5倍。据20世纪90年代以来的统计资料分析，全国平均每年抗旱挽回粮食损失3 995万吨，挽回经济作物损失419亿元，平均每年缓解农村因旱饮水困难人口近2 500万人和饮水困难大牲畜近2 000万头。抗旱效益如此显著，是各种措施综合作用的结果，但不可否认的是，水利设施在农业抗旱中起着关键性的作用，而且愈是干旱年份水利设施抗旱效益愈是突出。

再举出几个大旱年水利工程发挥很大作用的例子。1978年，我国江淮地区发生特大干旱，但与1960年、1961年等大旱年相比，灾情相对较轻，这与长江中下游和淮河下游地区农田水利建设基础好、抗旱能力强密切相关。受旱省区通过蓄、引、提、调等水利设施解决水源，抗旱浇灌农田，当年全国粮食不但没有减产，反而比1977年增产了很多。1997年，我国黄河流域发生特大干旱，抗旱期间动用灌区、泵站、机电井、各类提灌设备，挽回粮食损失 5 900 多万吨。2006 年，我国川渝地区发生特大干旱，重庆市通过科学调度 17 万处中小型水利工程，累计供水 45 亿立方米，保证了 1 173 万人、956 万亩农田的正常用水；四川省各类水利工程提供抗旱用水 42 亿立方米，保证了旱区 3 200 万群众、3 400 万亩作物正常用水。

其实，水利工程不仅在缺水地区和缺水时期的农业生产中起到积极的作用，在维持城市生活用水方面也是一样。近些年的城市化决定了我国经济发展和社会生活的重心更加集中于城市。随着城市经济承载量的大幅度增长，城市居民生活水平不断提高，城市环境日益改善，城市对干旱缺水的敏感性越来越强，同等水平干旱对城市造成的影响和损失将越来越重。因此，未来我国城市抗旱工作形势异常严峻。

城市水资源形势原本就紧张，一旦遭遇严重的干旱灾害，常常需要通过各类水利工程联合调度或启动应急水源工程向城市紧急供水，确保居民饮水安全，并努力减少工业损失。

2 你知道我国最早的大型引水灌溉工程是哪吗

引水工程，也是抗旱工程措施的一种，它指从河道等地表水体自流引水的工程（不包括从蓄水、提水工程中引水的工程）。

我们都知道，想要水流动必须要有落差，也就是水头。灌溉、城市取水等需要将河流、湖泊中的水引到某处，必要条件是要有落差。对于不同的地形而言，有不同的引水方法。如果水源地低于需水地（大部分情况是这样，因为城镇都在河流两岸分布），就需要抬高水头，方法是用水泵抽水，或是建筑水坝把水位抬高，而后者一次建成后维持资金比较节省，又具有防洪、发电的作用，所以这种需要建筑水坝的有坝引水是最普遍的水利工程。如果水源地高于需水地，可以利用地形建筑自流引水的工程，称为无坝引水工程。例如，黄河下游沿岸的引黄灌溉闸门，还有著名的都江堰。

在我国，引水灌溉工程具有非常悠久的历史。早在公元前 605 年，孙叔敖主持兴建了我国最早的大型引水灌溉工程——期思雩娄灌区。在史河东岸凿开石嘴头，引水向北，称为清河；又在史河下游东岸开渠，向东引水，称为堪河。利用这两条引水河渠，灌溉史河、泉河之间的大片土地。清河和堪河共 50 千米长，灌溉有保障，后世又称“百里不求天灌区”。经过后世不断续建、扩建，灌区内有渠有陂，引水入渠，由渠入陂，开陂灌田，形成了一个“长藤结瓜”式的灌溉体系。这一灌区的兴建，大大改善了当地的农业生产条件，提高粮食产量，满足了楚庄王开拓疆土对军粮的需求。因此，《淮南子》称：“孙叔敖决期思之水，而灌雩娄之野，庄王知其可以为令尹也。”意思是：楚庄王知人善任，深知水利对于治理国家的重要，任命治水专家孙叔敖担任令尹（相当于宰相）的职务。

蓄水工程，我们已经有所了解，其实，孙叔敖还是修建我国最早蓄水灌溉工程的人，这个工程就是芍陂（图 12-1）。

孙叔敖当上了楚国的令尹之后，继续推进楚国的水利建设，发动人民“于楚之境内，下膏泽，兴水利”。在楚庄王十七年（公元前 597 年）左右，又主持兴办了我国最早的蓄水灌溉工程——芍陂。芍陂因水流经过芍亭而得名。工程在安丰城（今安徽省寿县境内）附近，位于大别山的北麓余脉，东、南、西三面地势较高，北面地势低洼，向淮河倾斜。每逢夏秋雨季，山洪暴

图12-1　芍陂

（图片来源：中国水利部网站）

发，形成涝灾；雨少时又常常出现旱灾。当时这里是楚国的北疆的农业区，粮食生产的好坏，对当地的军需民用关系极大。孙叔敖根据当地的地形特点，组织当地人民修建工程，将东面的积石山、东南面龙池山和西面六安龙穴山流下来的溪水汇集于低洼的芍陂之中。修建五个水门，以石质闸门控制水量，“水涨则开门以疏之，水消则闭门以蓄之”，不仅在旱年有水灌田，又避免了雨水多时洪涝成灾，起到了调节水量的作用。后来又在西南开了一道子午渠，上通淠河，扩大芍陂的灌溉水源，使芍陂达到“灌田万顷”的规模。

芍陂建成后，使安丰一带每年都生产出大量的粮食，并很快成为楚国的经济要地。楚国更加强大起来，打败了当时实力雄厚的晋国军队，楚庄王也一跃成为“春秋五霸”之一。300 多年后，楚考烈王二十二年（公元前 241 年），楚国被秦国打败，考烈王便把都城迁到这里，并把寿春改名为郢。这固然是出于军事上的需要，也是由于水利奠定了这里的重要经济地位。芍陂经过历代的整治，一直发挥着巨大效益。东晋时因灌区连年丰收，遂改名为“安丰塘”。如今芍陂已经成为淠史杭灌区的重要组成部分，灌溉面积达到 60 余万亩，并有防洪、除涝、水产、航运等综合效益。为感戴孙叔敖的恩德，后代在芍陂等地建祠立碑，称颂和纪念他的历史功绩。1988 年 1 月国务院确定安丰塘（芍陂）为全国重点文物保护单位。

3. 你知道我国是如何解决人饮困难问题的吗

我国降水时空分布不均、年际间变化大，淡水资源匮乏，人均水资源占有量约为世界平均水平的 30%，且区域分布不均。山丘区地形复杂，人员居住分散，部分深山区取水困难，浅山丘陵区季节性缺水严重，属工程性缺水；北方山丘区甚至难以找到地表水和地下水。沿海区、低平原区、湖区、河套、古河道、洪泛区、山前洼地、矿区等易沉积地区，部分地下水有害矿物成分，如氟、砷、铁、锰或盐含量超标，不宜直接饮用。

针对广大农村地区长期饮水困难的状况，我国开展了农村饮水解困工程，大致经历了如下几个过程：① 20 世纪 50 ~ 60 年代，建设以灌溉排水为重点的农田水利工程，结合蓄、引、提等灌溉工程建设，解决了部分地区农民的

饮水困难问题；② 70 ~ 80 年代，采取以工代赈的方式和在小型农田水利补助经费中安排专项资金等措施支持农村解决饮水困难；③ 90 年代，解决农村饮水困难正式纳入国家规划。90 年代后期，各地也建设了具有地方特色的解困工程，如宁夏的“扬黄工程”（图 12–2）、甘肃的“121 雨水集流工程”、贵州的“渴望工程”、内蒙古的“380 饮水解困工程”等。1999 年年底，全国累计解决了约 2.16 亿人的农村饮水困难问题；④ 2000 年以来，各级政府继续加大农村饮水解困工作力度。2004 年基本结束了我国农村严重缺乏饮用水的历史。

此外，我国还实施了多个与农村饮水有关的国际合作项目和社会慈善捐助活动。1985 年以来，全国爱卫会与部分地方政府利用世行贷款实施了“中国农村供水与环境卫生项目”，累计解决了农村 2 437 万人的饮水问题。1991 年以来，水利部等有关部门及地方政府与联合国儿童基金会共同完成了三期农村饮水合作项目。2002 ~ 2005 年，水利部与英国 DFID 合作实施了农村供水与卫生合作项目。全国妇联组织实施了“大地之爱 · 母亲水窖”慈善捐助活动，2001 年至今已解决了农村 100 多万人的饮水困难问题。

农村饮水解困工程，改善了许多地方的卫生条件，减少了传染病发病率，尤其是提高了妇女、儿童的健康水平；不用挑水节省出的劳动力用于种植、

图 12–2　宁夏扬黄工程

养殖生产等产业，有利于农民家庭的脱贫致富。农村饮水解困工程基本结束了我国农村长期严重缺乏饮用水的历史，使农民真正得到了实惠，被群众赞誉为“小工程，大德政”。

4 南水北调工程知多少

为了应对城市干旱缺水的形势，从20世纪80年代起，我国陆续建成了一批调水工程，如有名的天津引滦入津（引滦河水到天津）、广东东深供水（引东江水到深圳）、山东引黄济青（引黄河水到青岛）、山西引黄入晋（引黄河水到山西）、辽宁引碧入连（引碧流河水库水到大连）、吉林引松入长（引松花江水到长春）等，取得了显著的经济、社会和环境效益。引滦入津、引黄济青、引碧入连、西安黑河引水和福建北溪引水等城市调水工程的建成运行，使天津、青岛、大连、西安和厦门等我国重要的工业与旅游城市解决了水资源严重短缺的危机，基本满足了城市生活和工业用水的需求，为当地工业生产和经济发展注入新的活力，也极大地改善了调水城市的投资与建设环境。在这个问题中，我们着重介绍我国规模最大的调水工程——南水北调。

面对我国南方相对水多，北方相对水少的实际情况，1952年毛泽东主席就提出“南方水多，北方水少，如有可能，借点水来也是可以的”的宏伟设想。经过50年大量的野外勘查和测量，在分析比较50多种方案的基础上，终于形成了南水北调东线、中线和西线调水的基本方案，并获得了一大批富有价值的成果。

南水北调的总体布局确定为分别从长江上、中、下游调水，以适应西北、华北各地的发展需要，即南水北调西线工程、南水北调中线工程和南水北调东线工程（彩图9）。建成后与长江、淮河、黄河、海河相互连接，将构成我国水资源“四横三纵、南北调配、东西互济”的总体格局。规划到2050年调水总规模为448亿立方米，其中东线148亿立方米，中线130亿立方米，西线170亿立方米。整个工程将根据实际情况分期实施。

东线工程是利用江苏省已有的江水北调工程，逐步扩大调水规模并延长输水线路。东线工程从长江下游扬州抽引长江水，利用京杭大运河及与其平行的河道逐级提水北送，并连接起调蓄作用的洪泽湖、骆马湖、南四湖、东平湖。出东平湖后分两路输水：一路向北，在位山附近经隧洞穿过黄河；另一路向东，通过胶东地区输水干线经济南输水到烟台、威海。东线工程可为苏、皖、鲁、冀、津五省市净增供水量143.3亿立方米，其中生活、工业及航运用水66.56亿立方米。农业76.76亿立方米。东线工程实施后可基本解决天津市、河北黑龙港运东地区、山东鲁北、鲁西南和胶东部分城市的水资源紧缺问题，并具备向北京供水的条件。还能为京杭运河济宁至徐州段的全年通航保证水源。

中线工程是从丹江口水库陶岔渠首闸引水，沿唐白河流域西侧过长江流域与淮河流域的分水岭方城垭口后，经黄淮海平原西部边缘，在郑州以西孤柏嘴处穿过黄河，继续沿京广铁路西侧北上，可基本自流到北京、天津。中线工程可缓解京、津、华北地区水资源危机，为京、津及河南、河北沿线城市生活、工业增加供水64亿立方米，增供农业30亿立方米。

西线工程计划在长江上游通天河、支流雅砻江和大渡河上游筑坝建库，开凿穿过长江与黄河的分水岭巴颜喀拉山的输水隧洞，调长江水入黄河上游。西线工程的供水目标主要是解决涉及青、甘、宁、内蒙古、陕、晋等6省（自治区）黄河上中游地区和渭河关中平原的缺水问题。结合兴建黄河干流上的水利枢纽工程，还可以向邻近黄河流域的甘肃河西走廊地区供水，必要时也可向黄河下游补水。

5 节水型社会是怎样的呢

节水型社会是指人们在生活和生产过程中，在水资源开发利用的各个环节，通过政府调控、市场引导、公众参与，以完备的管理体制、运行机制和法制体系为保障，建立与水资源承载能力相适应的经济结构体系，促进区域经济社会的可持续发展。

节水型社会建设主要包括四大体系的建设。一是建立健全节水型社会管理体系。二是建立与水资源承载能力相协调的经济结构体系。三是完善水资源高效利用的工程技术体系。四是建立自觉节水的社会行为规范体系。建设与节水型社会相符合的节水文化，逐步形成“浪费水可耻、节约水光荣”的社会风尚。

节约用水，建立节水型社会，是缓解中国水资源短缺的根本出路，是提高水资源承载能力最现实的途径。随着人口持续增加，经济社会快速发展，要满足人口、经济社会对水的需求，唯一的途径是科学节水、高效用水。我们要建设节水型社会，就是要创新和建设节水的制度、节水的经济、节水的科学技术和节水的文化。节水型社会建设是一场社会革命，一种生活变革。

2002 年 3 月，甘肃省张掖市被确定为我国第一个节水型社会试点，此后又相继在四川绵阳、辽宁大连、陕西西安等地建立节水型社会试点。几年来，节水型社会建设已取得了初步的效果。建设节水型社会的实践，使张掖市在大幅度削减用水量完成黑河分水的情况下，连续 3 年经济增长率达 10% 以上。

目前，我国的节水型社会建设经历了多年的实践，全国已有省级节水型社会建设试点 94 个。它们的实践工作为我们建设节水型社会提供了丰富、宝贵的经验，让我们初步看到了建立节水型社会的美好前景。

6 新疆的坎儿井有何神奇

新疆的坎儿井与万里长城、京杭大运河并称为中国古代三大工程。新疆的坎儿井总数近千条，像一张大网覆盖着新疆地区，把这些井加起来，全长约 5 000 千米。坎儿井是以高山雪水为水源，从雪山向四方辐射的一种地下输水工程。主要分布于新疆吐鲁番、哈密一带的地下引水渠道，供村镇供水和农田灌溉。坎儿井是开发利用地下水的一种很古老的水平集水建筑物，适用于山麓、冲积扇缘地带，主要用于截取地下潜水来进行农田灌溉和居民用水。

据近代著名历史学家王国维研究，坎儿井起源于西汉，是龙首渠竖井隧道施工技术的西传。此外也有来自伊朗和西域本地发明等说法。坎儿井的名称，在新疆维吾尔语称为“坎儿孜”，汉语称为“坎儿井”或简称“坎”；其他各省叫法不一，如陕西叫做“井渠”，山西叫做“水巷”，甘肃叫做“百眼串井”，也有的地方称为“地下渠道”。伊朗波斯语称为“坎纳孜”，苏联俄语称为“坎亚力孜”。从语音上来看，彼此虽有区分，但差别不大。

坎儿井的形成具有特定的自然地理原因。吐鲁番盆地位于欧亚大陆中心，是天山东部的一个典型封闭式内陆盆地。由于距离海洋较远，且周围高山环绕，加以盆地窄小低洼，潮湿气候难以浸入，降雨量很少，蒸发量极大，故气候极为酷热，自古即有“火洲”之称。由于盆地的气候条件极为干旱，地面径流比较缺乏。盆地北面由冰雪和降雨补给的天山水系以数十条山谷河流形式流向盆地。其中主要的河流按自东向西排列顺序有卡尔齐、柯柯亚、二唐沟、克郎沟、煤窑沟、塔尔浪沟、大河沿、白杨河的阿拉沟等。目前，新疆地区已利用的泉水和坎儿井水的水量加上湖面蒸发的水量远远超过了地面径流量。地下水的补给来源，除了河床渗漏为主以外，尚有天山山区古生代岩层裂隙水的补给，所以说吐鲁番盆地的地下水资源是比较丰富的。加上地面坡度特大等情况，从而构成了开挖坎儿井在自然条件上的可能性（图 12–3）。

坎儿井（图 12–4）大体上是由竖井、地下渠道、地面渠道和“涝坝”（小型蓄水池）四部分组成。吐鲁番盆地北部的博格达山和西部的喀拉乌成山，春夏时节有大量融化的积雪和雨水流下山谷，潜入戈壁滩下。人们利用山的坡度，巧妙地创造了坎儿井，引地下潜流灌溉农田。竖井有两个用处：一是地下渠道开挖时，把土方从竖井中挑出；二是让渠道中的水与大气有连接面且不暴露在太阳下。这样，坎儿井不受炎热、狂风而使水分大量蒸发，因而

图 12–3　坎儿井的内部结构

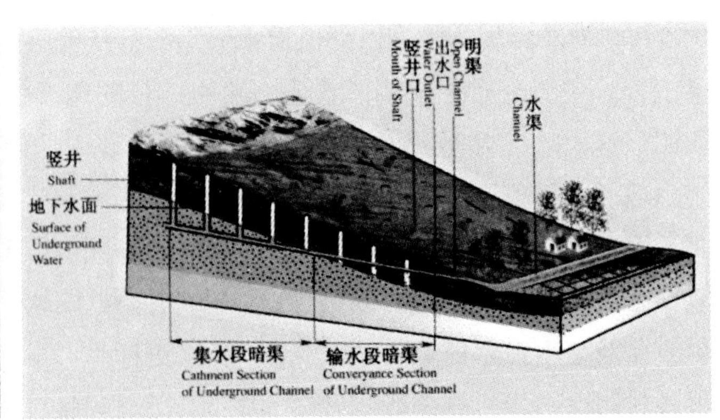

图 12–4　坎儿井的剖面示意图

（图片来源：中华人民共和国水利部，兴利除害 富国惠民——新中国水利 60 年，中国水利水电出版社，2009）

流量稳定，保证了自流灌溉。当坎儿井延伸到下游，地下渠道的水十分清凉，不能够直接浇灌庄稼，就设计了地面渠道和涝坝，使地下流动的水得到太阳的照耀升温，然后被人们使用。

在新疆一些冲积扇地形地区，土壤多为砂砾，渗水性很强，山上雪水融化后，大部渗入地下，地下水位较深，为了将渗入地下的水引出，开挖坎儿井是比较方便的。其方法是：先凿竖井探明水脉（含水层），然后沿水脉向上游和下游，由地表向下挖掘一长排竖井。竖井的深度，向下游逐渐减小。各个竖井之间的地层挖通成为高约 2 米、宽约 1 米的卵形暗渠。坎儿井暗渠长度不一，最长可达 30 千米。由于水在地下暗渠中流动，避免了当地强烈的蒸发损失。暗渠水流至村落附近始流出地面，流入涝坝（小蓄水池），蓄水供日用和灌溉。

几十年前，吐鲁番盆地和哈密盆地利用坎儿井水浇灌的农田面积占到当地总耕地面积的 2/3，对发展当地农业生产和满足居民生活需要等都具有很重要的意义。但是近年来，吐鲁番的坎儿井呈衰减之势。全疆坎儿井 20 世纪 50 年代多达 1 700 条，随着不断的干涸，80 年代末已降至 860 余条。吐鲁番地区坎儿井最多时达 1 273 条，目前仅存 725 条左右。

7 你知道都江堰吗

都江堰位于四川省都江堰市城西的岷江入成都平原的起始段，是引岷江水灌溉成都平原的大型水利工程。它创建于秦昭王末年（公元前 256 ~ 公元前 251 年），是全世界迄今为止，年代最久、唯一留存、以无坝引水为特征的宏大水利工程，属全国重点文物保护单位。都江堰由秦代蜀守李冰主持修建。都江堰水利工程由创建时的鱼嘴分水堤、飞沙堰溢洪道、宝瓶口引水口三大主体工程和百丈堤、人字堤等附属工程构成，科学地解决了江水自动分流、自动排沙、控制进水流量等问题，消除了水患。都江堰建成后，成都平原沃野千里，“水旱从人，不知饥馑，时无荒年，谓之天府”。

都江堰最伟大之处是建堰 2 000 多年来经久不衰，而且发挥着愈来愈大的效益。在 2008 年汶川大地震中，都江堰水利工程基本无恙。都江堰的创

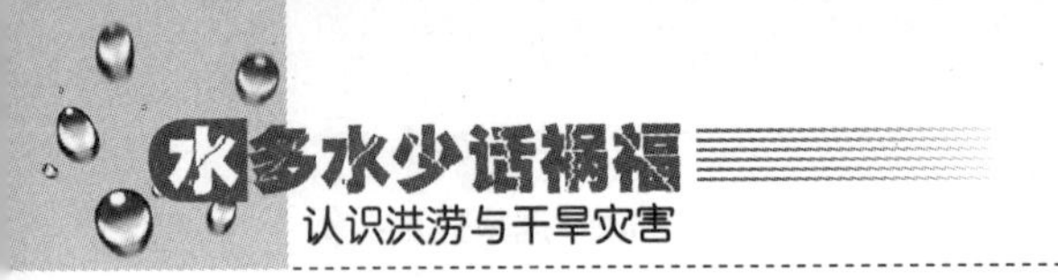

建，以不破坏自然资源，充分利用自然资源为人类服务为前提，变害为利，使人、地、水三者高度协调统一，反映出人与自然和谐的治水理念，这也是都江堰历 2 000 多年而不败的基本原因。2000 年都江堰被联合国评为世界文化遗产。

8 以色列何以堪称“沙漠中的奇迹”

以色列地处地中海东岸，国土面积 2.1 万平方千米，境内地形狭长，南北长约 500 千米，东西平均宽约 90 千米，除西部沿海有不足总面积 1/5 的平原外，其余为高原、峡谷、荒漠和山区，自然条件较差。

从降水量来看，以色列全国年平均降雨量为 350 毫米，北部地区年降雨量较大，可达 800 ~ 1 000 毫米，自北向南递减，最南端的埃特拉市年降雨量不足 30 毫米，全国有一半以上地区的年降雨量在 180 毫米以下。从时间上看，降雨主要集中在冬季的 11 月至次年的 3 月份，而整个夏季干旱少雨或无雨。

以色列境内仅有一条约旦河，加利利湖是全国唯一的地表水水库，全国可供利用的水资源中，地表水占 31%，地下水占 52%，骤间雨水利用占 5%，污水回收和微咸水占 12%。以色列人均水资源量不足 400 立方米，是世界上人均水资源量最低的地区之一，真正是滴水贵如油。

以色列的土地面积一半以上属于半沙漠地区，因此，土壤贫瘠和缺水成了以色列农业发展的两大难题，同时，以色列大量移民涌入，给原本十分有限的土地资源增加了更大的压力。水是这个国家能否生存的关键所在。

为了生存和发展，以色列人坚持不懈地与干旱进行不屈不挠的斗争。1964 年，政府投巨资修建了几百千米长的管道输入骨干工程，把北部加利利湖水输送到人口集中的中部地区和南方干旱的沙漠地区，同时在人工降雨、污水处理、咸水淡化和盐水灌溉等技术方面进行研究，并在生产实践中了取得突破性进展。加上积极推广先进的节水灌溉方式，在不增加耗水量的情况下，全国耕地面积由 1950 年的 16.5 万公顷增加到现在的 44 万公顷，农业产值比建国初期提高 16 倍，水果、蔬菜、花卉等农产品除满足本国需求外，还大量出口，为其他国家抗御干旱、发展抗旱节水高效农业探索出一条成功的路子。

由于地处荒漠，以色列人酷爱花草。住宅楼下、街心公园到处都是草坪铺地，绿树成荫。为满足人们的爱美之心，同时又节约用水，政府要求人们种植耐旱植物，如剑麻、仙人掌等。而且规定，人们浇灌花园的时间必须是在晚上，以减少水的蒸发。如果有人在规定以外的时间浇灌花园，政府将对其进行重罚。不管是公共厕所，还是家里的卫生间，所有的抽水马桶都有大小不同的两个按钮，出水量不一样，为的是大小便时分开使用，以节约用水。真正让以色列人的用水上升到一种水文明的，应该是滴灌技术的发明和应用。在以色列，无论是田间、果园，还是街心公园、道路两旁的树木和花丛中，都可以看到一种上面有很多小孔的黑色胶皮管纵横缠绕，傍晚时喷出涓涓细流，直达植物根部，这就是以色列独创的滴灌技术。到目前为止，这个专利仍由以色列人牢牢把握着。

9 难道浇花也实行“单双号”制

2008 年北京奥运会之前，北京实行单双号限行，开车分单双号成了中国交通史上的一个新现象。这种分“单双号”的制度大大缓解了北京的交通压力，改善了空气质量。但是你知道吗？在澳大利亚，家家户户浇花也按照门牌号分单双号，这项制度节省了不少珍贵的水资源呢。在这个问题中，我们一起来看看澳大利亚的生活节水趣闻。

澳大利亚气候干燥，水资源极度缺乏，为了节水，全国大部分地区有的发出限水令，有的更加收紧已在执行的限水措施。以悉尼为例，造成悉尼用水紧张有干旱少雨的原因，更有浪费严重的问题。在悉尼光富豪们消耗掉的水就占全城生活用水的 40%。为了细水长流，悉尼市政府不得不实施严格的限水措施。而在极度缺水的墨尔本，市政部门则规定居民不得使用洗碗机，淋浴也不能超过 5 分钟。

堪培拉市强制性限水条例分 5 步实施。每步有细则，步步有目标。第一步，将用水量从正常用水量中削减 15%。居民依照门牌号的奇数和偶数分单双日用喷头喷灌草坪或花园。浇水时段限制在晚 7 点至早 7 点，以减少水量的蒸发。可以用手持水管的方式浇水，也能用桶提水洁窗擦车，但不能用水管冲刷；第二步，节水目标提到25%。浇草地时段缩短，为早5点至8点，晚7点至10点，根据单双日进行。仍可手持水管浇花草，以及提水洗车擦窗；第三步，用水量减少40%。禁止使用喷头，只可按单双日手持水浇花淋草，禁止提水擦车洗窗，无回收二次利用水资源的洗车店一律关闭；第四步，节水55%。禁止浇草地，只可水浇花；第五步，节水指标提高到60%，除洗菜、做饭等生用水外，不得以任何方式浇灌花木。为严格执行条例规定，堪培拉市政府日夜派人在街道和居民区巡视，发现违规者分3步处理：第一次，口头警告；二次，书面警告；第三次，罚款，居民罚500澳元（1澳元约合6.5元人民币），单位罚1 000澳元。同时，邻里之间也会相互监督，无论关系多好，只要有人违规用水，立即会被告到市当局。因为当地居民心中都有一种强烈意识——节约用水为了更美好的未来。

10 佛得角如何从云雾中取水

在北大西洋的佛得角群岛上，东距非洲大陆最西点佛得角（塞内加尔境内）500多千米，海岸线长912.5千米，是欧洲与南美、南非间的交通要冲。包括圣安唐、圣尼古拉、萨尔、博阿维什塔、福古、圣地亚哥等15个大小岛屿，分北面的向风群岛和南面的背风群岛两组，都属火山群岛。佛得角属热带干燥气候，常年受副高及信风带控制，西岸加那利寒流降温降湿，形成热带沙漠气候。终年盛行干热的东北信风，年平均温度20 ~ 27℃，年降雨量仅100 ~ 300毫米。

佛得角Serra Malagueta地区年均降水量约为900毫米，是全国的3倍，但由于缺乏足够的净水设施以及降水不断减少，有超过10万人仍无法获得安全的饮用水，占Serra Malagueta人口总数的1/4。当雨季结束后，成百上千的家庭开始利用另一种水源——雾水。农民们密切监测高耸在山上的15个双面集雾网。

Serra Malagueta地区的雾水资源非常好，甚至是全世界最好的。2005年，这里建成了200平方米的集雾网，从此当地居民可以通过收集雾水来满足他们的用水需求。通过集雾网收集雾气，然后雾气转化为液态水滴入水槽中，再进入输水管道。过滤后的水先储存在蓄水池中，再输送至小学和社区供水管道。据统计，在一个有风、多雾的日子，15 个集雾网产水量可达 4 000 升，而费用则比从附近地区拉水要便宜很多。每个集雾网的前期投资需要 800 美元左右，其中还包括劳务费。

集雾取水方法没有污染，不需要水泵、能源和动力，是一种更加清洁而经济的取水途径。在佛得角，充分利用了1 000 多公顷土地上的雾气，每年能够产生几十亿升洁净水。

小结

本章以举例的形式简单介绍了古今中外有名的抗旱措施。这些工程和好的做法不仅一定程度上有效应对了干旱灾害，而且因其历史意义成为一种文化。从备荒救灾，到期思雩娄灌区，再到都江堰、坎儿井，很多工程和做法沿用至今，为现今的抗旱工作积累了大量经验。现在正在大力开展的“母亲水窖”爱心工程、南水北调工程和节水型社会建设都是非常好的做法，是蓄水工程、调水工程和节水工程新的表现形式。最后，以严重缺水的以色列、澳大利亚、佛得角群岛为例，讲述了国外值得我们学习的经验做法。

主要参考文献

［1］全球正面临“水破产”危机.（http://epaper.lnd.com.cn/html/lswb/20090319/lswb145769.html）.

［2］田春生．珍惜生命张源.（http://www.37.gov.cn/E_ReadNews.asp?NewsID=7100）.

［3］海河流域治理开发初见成效（http://news.sina.com/cn/o/2003-11-19/10591145488s.html）.

［4］http://zhidao.baidu.com/question/47900949.html.

［5］全国农村饮水安全工程“十一五”规划，2006.

［6］国家防汛抗旱总指挥部办公室．防汛抗旱专业干部培训教材［M］．北京：中国水利水电出版社，2010.2.

［7］徐乾清．中国防洪减灾对策研究［M］．北京：中国水利水电出版社 ,2002.

［8］富曾慈，胡一三，李代鑫．中国水利百科全书——防洪分册［M］．北京：中国水利水电出版社 ,2004.

［9］刘树坤，杜一，富曾慈．全民防洪减灾手册［M］．沈阳：辽宁人民出版社 ,1993.

［10］国家科委全国重大自然灾害综合研究组．中国重大自然灾害及减灾对策［M］．北京：科学出版社 ,1993.

［11］邓玉梅 . 建立洪水影响评价制度加快城市防洪由控制洪水向洪水管理转变［J］．水利发展研究，2009（3）:23 ~ 24.

［12］张艳玲 . 水文信息化技术在我省水利防汛中的作用［J］．西北水力发电，2006（10）:71 ~ 73.

［13］胡传廉 . 高新技术在上海市防汛指挥系统中的应用［J］．城市道桥与防洪，2000（4）:25 ~ 29.

［14］王本德 . 水库汛限水位动态控制理论与方法及其应用［M］. 北京：中国水利水电出版社，2006.

［15］国家防汛抗旱应急预案． 2006 年 1 月 10 日.

［16］李娜，向立云，程晓陶．国外洪水风险图制作比较及对我国洪水风险图制作的建议［J］．水利发展研究，2005（6）: 28 ~ 32.

［17］李娜 . 国内外蓄滞洪区建与管［J］．人民长江报，2006 年 3 月 11 日第 6 版.

［18］刘树坤 . 国外防洪减灾发展趋势分析［J］．水利水电科技进展，2000（2）: 2 ~ 10.

[19] 宋德武. 对防洪基金和洪水保险的几点看法 [J]. 海河水利，1991 (2) : 20 ~ 23.
[20] 杨晴. 关于防洪标准的几点认识 [J]. 水利水电技术，2000，31 (7)：35 ~ 37.
[21] 蔡其华. 国内外防洪工程经济评价 [M]. 武汉 : 长江出版社，2006.
[22] 国家技术监督局，中华人民共和国建设部. 防洪标准 [M]. 北京：中国计划出版社，1994.
[23] 姜付仁，向立云，刘树坤. 美国防洪政策演变 [J]. 自然灾害学报，2000，9 (3)：38 ~ 45.
[24] 美国河川研究会. 洪水泛滥原管理 [R]. 山海堂. 1994.
[25] Dan Shrubsole. Flood management in Canada at the crossroads [J]，Environmental Hazards，2000 (2) 63 ~ 75.
[26] 史芳斌. 英国的洪水风险管理. 水利水电快报 [J]. 2006，27 (24)：1 ~ 4.
[27] 中国水利经济研究会. 关于美国、加拿大洪泛区监管体制及相关政策的考察 [J]. 水利经济，2000 (4)：56 ~ 64.
[28] 王栋，潘少明. 洪水风险分析的研究进展与展望 [J]. 自然灾害学报，2006，15 (2)：103 ~ 109.
[29] 李娜，向立云. 防洪抗旱技术标准体系存在问题及修订建议 [J]. 水利技术监督，2006 (5)：1 ~ 5.
[30] 王艳艳，吴兴征. 中国与荷兰洪水风险分析方法的比较研究 [J]. 自然灾害学报，2005，14 (4)：20 ~ 25.
[31] 朱绛. 美国的洪泛平原管理 [J]. 灾害学，2002，17 (4)：83 ~ 86.
[32] 中国洪水管理战略研究项目组. 中国洪水管理战略框架和行动计划 [J]. 中国水利，2006，(23)：17 ~ 23.
[33] 史培军. 三论灾害研究的理论与实践 [J]. 自然灾害学报，2002，(8)：1 ~ 9.
[34] 魏庆朝. 灾害损失及灾害等级的确定 [J]. 灾害学，1996，11 (1)：1 ~ 5.
[35] 张万宗，等. 国外的洪水与防治 [M]. 中国郑州：黄河水利出版社，2001.
[36] 傅湘，纪昌明. 洪灾损失评估指标的研究 [J]. 水科学进展，2000 (12)：432 ~ 435.
[37] 金磊. 城市灾害学原理 [M]. 北京 : 气象出版社，1997.
[38] 陈守煜. 水利水文水资源与环境模糊集分析 [M]. 大连 : 大连工学院出版社，1987.
[39] 程晓陶. 新时期大规模的治水活动迫切需要科学理论的指导——论有中国特色的洪水风险管理 [J]. 水利发展研究，2001 (4)：1 ~ 6.
[40] 程晓陶. 探求人与自然良性互动的治水模式——二论有中国特色的洪水风险管理 [J]. 海河水利，2002 (4)：1 ~ 6.
[41] 程晓陶. 风险分担，利益共享，双向调控，把握适度——三论有中国特色的洪水风险

管理［J］. 水利发展研究，2003（9）：8 ~ 12.
［42］程晓陶，吴玉成，王艳艳等. 洪水管理新理念与防洪安全保障体系的研究［M］. 北京：中国水利水电出版社，2004.
［43］夏明方，康沛竹. 20 世纪中国灾变图史（上）［M］. 福州：福建教育出版社，2011.
［44］周魁一. 21 世纪我国防洪减灾战略刍议——建设全社会的综合防洪减灾体系［J］. 科技导报，1998（12）：12 ~ 15.
［45］汪恕诚. 资源水利——人与自然和谐相处［M］. 北京：中国水利水电出版社，2003.
［46］William J. Petak，Arthur A. Atkisson. 自然灾害风险评价与减灾政策［M］. 向立云，程晓陶译. 北京：地震出版社，1993.
［47］王建跃，孙小利. 美国"卡特里娜"飓风灾害［R］. 北京：中国水利水电科学研究院，2005.
［48］国家防汛抗旱总指挥部办公室，水利部南京水文水资源研究所. 中国水旱灾害［M］. 北京：中国水利水电出版社，1997.12.
［49］中华人民共和国国务院令，第 552 号. 中华人民共和国抗旱条例. 2009.2.
［50］中华人民共和国水利部. 旱情等级标准［S］. SL424–2008.
［51］韩永翔，张强. 气候变化对荒漠化的影响. 兰州干旱气象研究所，（http://www.gxxnw.gov.cn/nyqx/nyqx_connect.asp?summ=3400489）.
［52］谭徐明. 近 500 年北方地区持续严重干旱及趋势分析［J］. 防灾减灾工程学报，2003.6.
［53］水利部水利水电规划设计总院. 中国抗旱战略研究［M］. 北京：中国水利水电出版社，2008.
［54］陈雷. 学习贯彻抗旱条例促进抗旱事业发展. 在《抗旱条例》新闻发布会上的讲话，2009.
［55］鄂竟平. 鄂竟平在 2007 年全国防汛抗旱工作会议上的讲话. 2007.1.
［56］李继清. 洪灾综合风险管理理论方法与应用研究［D］. 武汉大学博士论文，2004.4.
［57］抗旱减灾的重要力量——抗旱服务组织十年建设情况总结，防汛与抗旱，2003.3.
［58］杜贞栋等. 农业非工程节水技术［M］. 北京：中国水利水电出版社，2004.
［59］吴玉成. 新中国重大干旱灾害抗灾纪实［J］. 中国防汛抗旱杂志，2009.
［60］褚俊英等. 我国节水型社会建设的制度体系研究［J］. 中国水利，2007，15.
［61］褚俊英等. 我国节水型社会建设的主要经验、问题与发展方向［J］. 中国农村水利水电，2007.
［62］刘斌. 以色列抗旱节水高效农业对我们的启示［J］. 甘肃农业，1996.7.
［63］杨蕴玉. 澳大利亚的节水措施及其启示［J］. 干旱地区农业研究，2005.7.
［64］能否靠集雾取水解决缺水问题——非洲佛得角的试验，百度文库，（http://wenku.baidu.

com/view/223a4b4de518964bcf847cdd.html）.

[65] 国家防汛抗旱总指挥部办公室. 防汛抗旱行政首长培训教材［M］. 北京：中国水利水电出版社，2006.

[66] 李克让. 中国干旱灾害研究及减灾对策［M］. 郑州：河南科学技术出版社，1999.

[67] 谭永文等. 中国海水淡化工程进展［J］. 水处理技术，2007.1.

[68] 张钰，徐德辉.关于干旱与旱灾概念的探讨［J］. 生态环境. 发展专辑，2001.9.

[69] 中华人民共和国水利部. 兴利除害富国惠民——新中国水利60年［C］. 北京：中国水利水电出版社，2009.

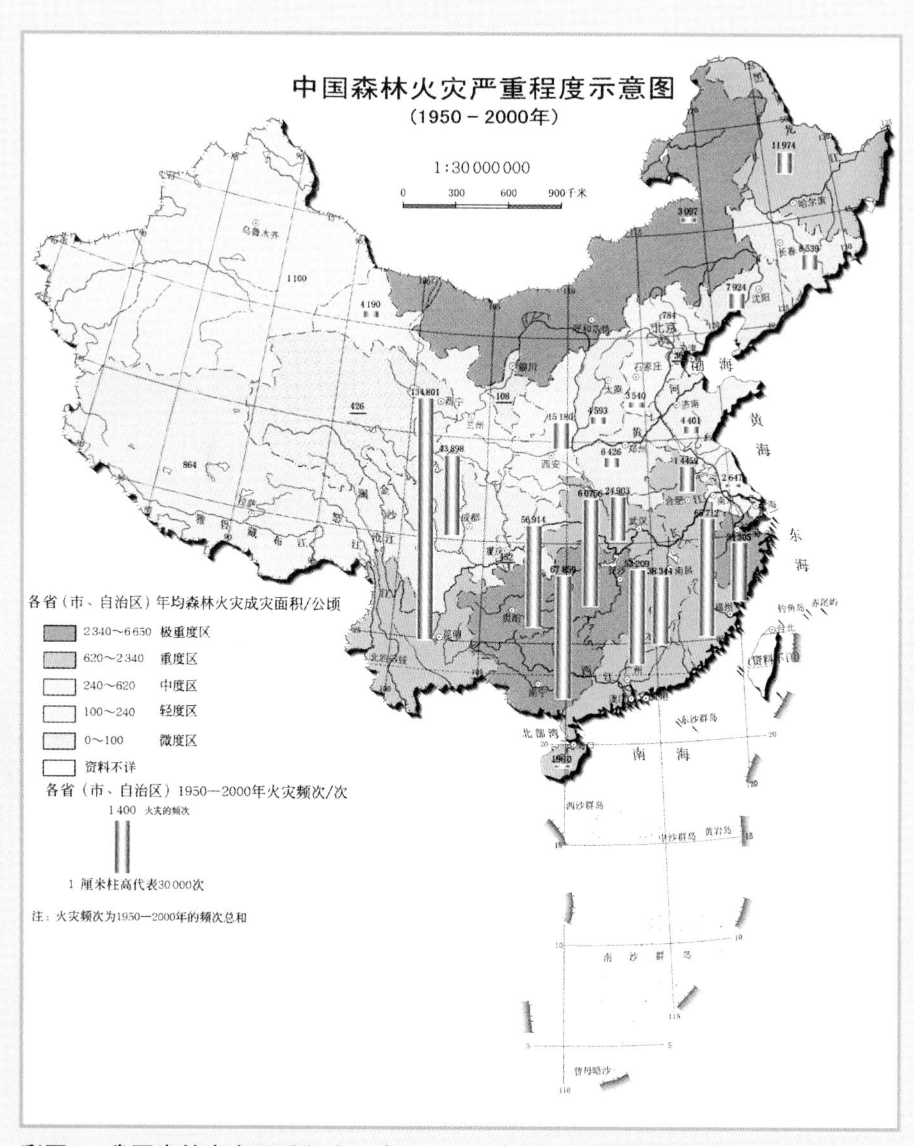

彩图8　我国森林火灾严重程度示意图（图片来源：科技部国家经贸委灾害研究组，中国重大自然灾害与社会图集，广东科技出版社，2004）

彩图 9　南水北调工程总体布局图（图片来源：中华人民共和国水利部，兴利除害富国惠民——新中国水利 60 年，中国水利水电出版社，2009）

彩图 1　地球是水量巨大的蓝色星球

（图片来源：http://www.nipic.com）

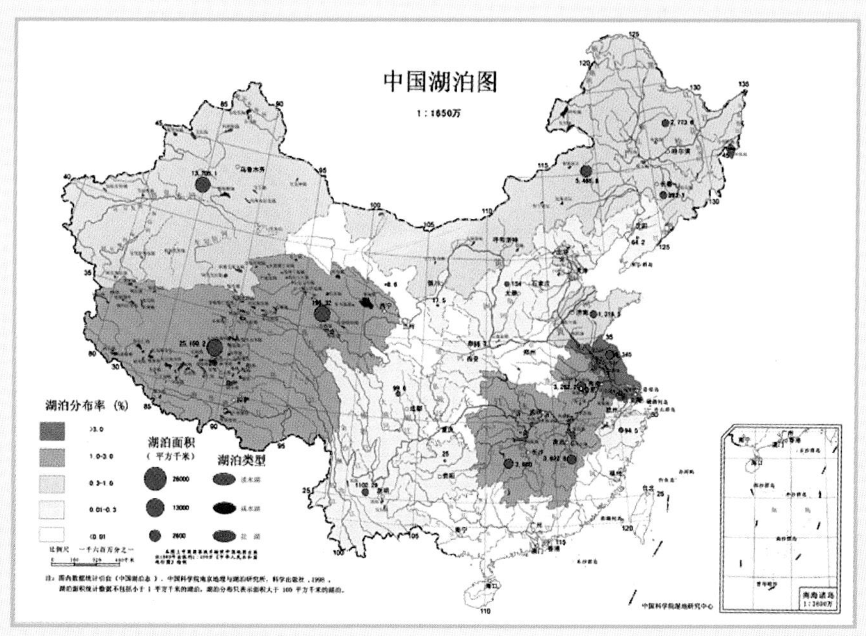

彩图 2　中国湖泊分布图（图片来源：http://image.baidu.com/）

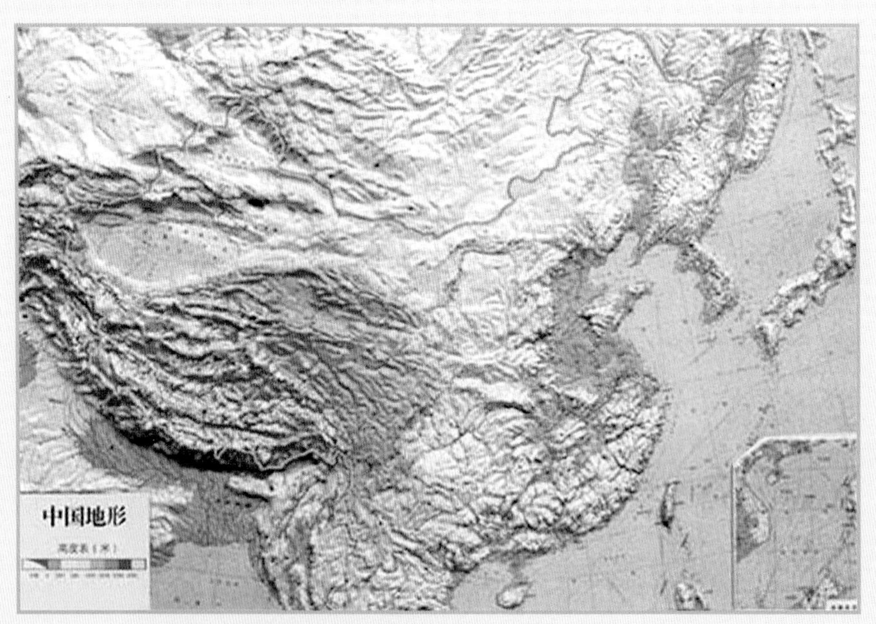

彩图 3　中国地形图（图片来源：http://image.baidu.com）

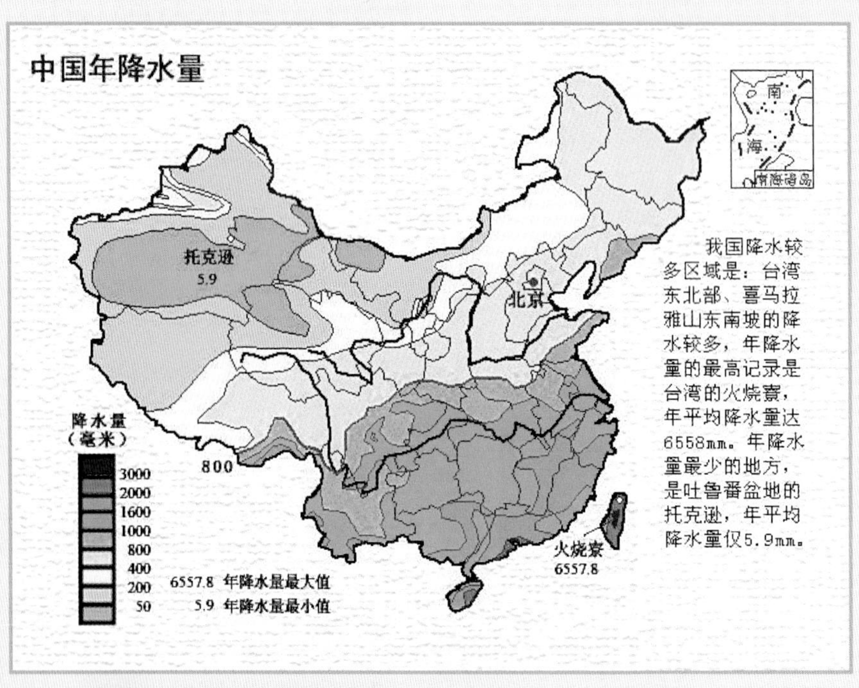

彩图 4　中国年降水量分布图（图片来源：http://image.baidu.com）

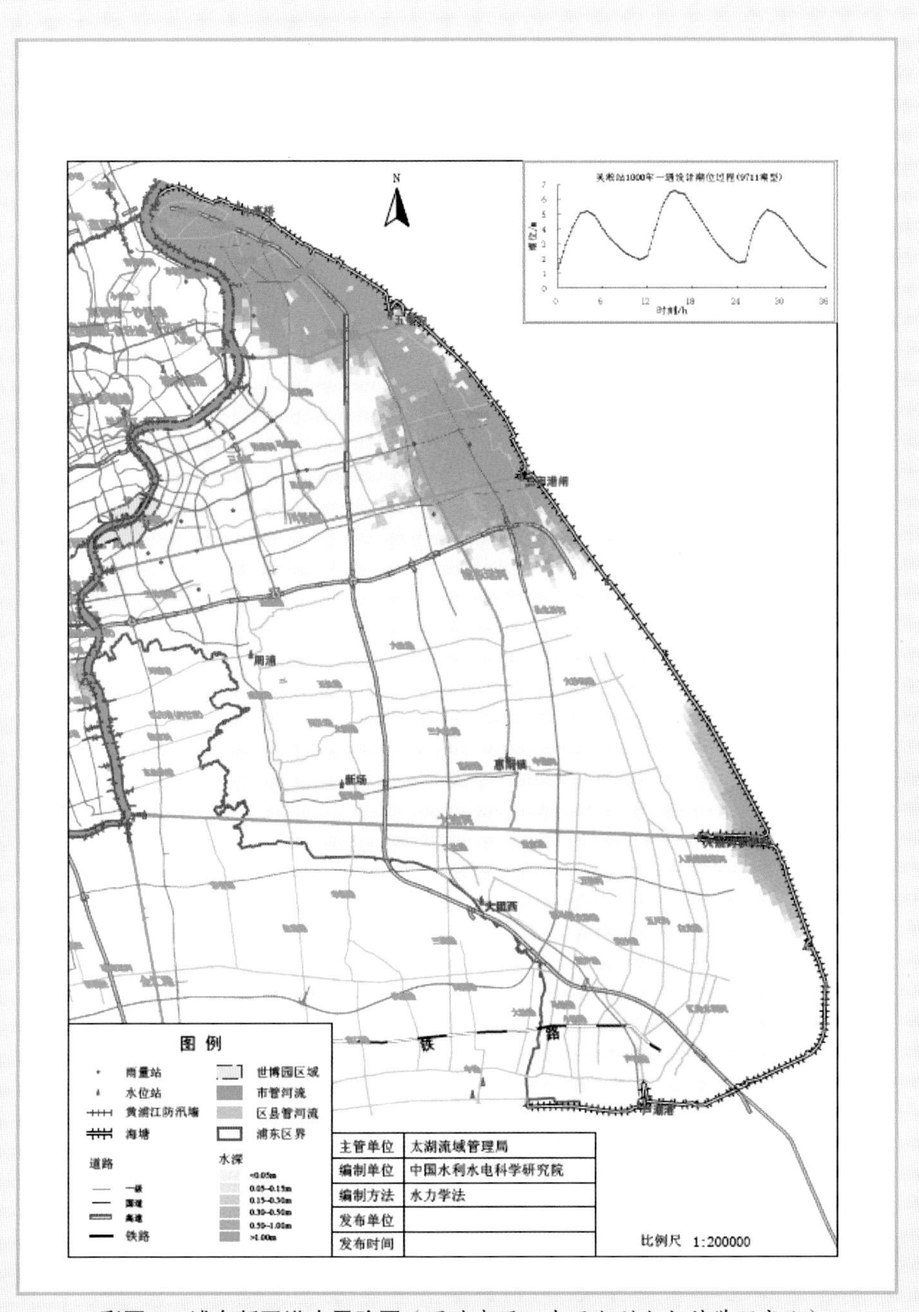

彩图 5　浦东新区洪水风险图（图片来源：中国水利水电科学研究院）

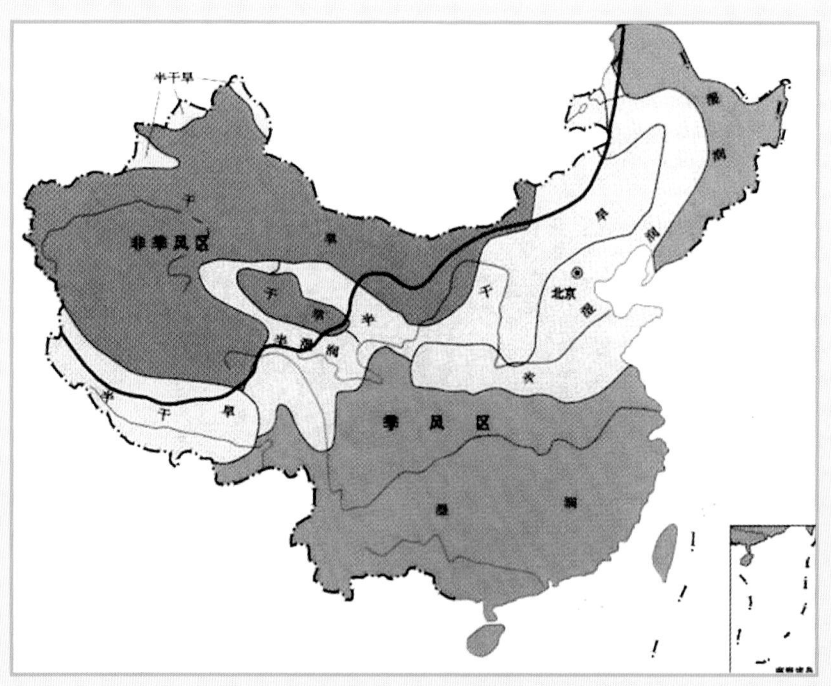

彩图 6　我国干湿地区划分（图片来源：http://bbs2.zhulong.com/detail3452250_1.html）

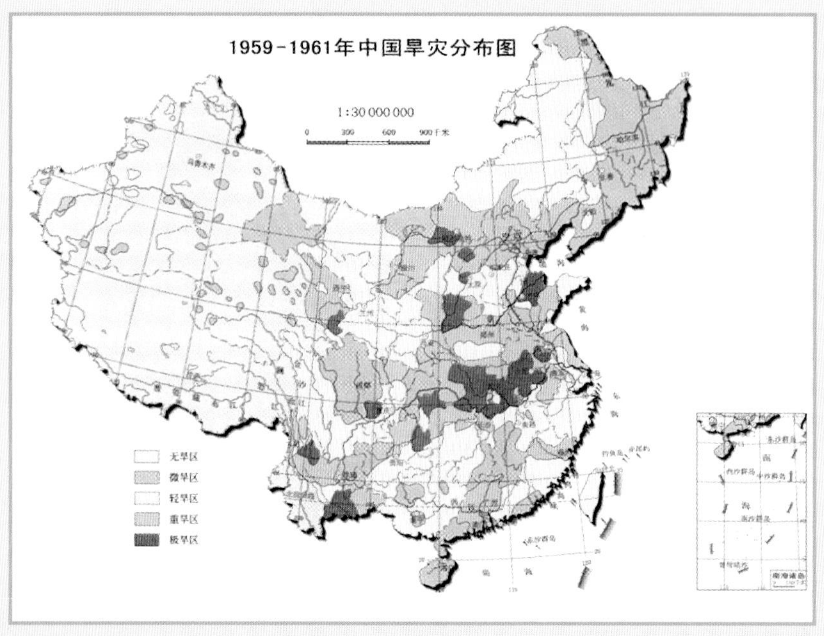

彩图 7　1959 ~ 1961 年中国旱灾分布图（图片来源：科技部国家计委国家经贸委灾害综合研究组，中国重大自然灾害与社会图集，广东科技出版社，2004）

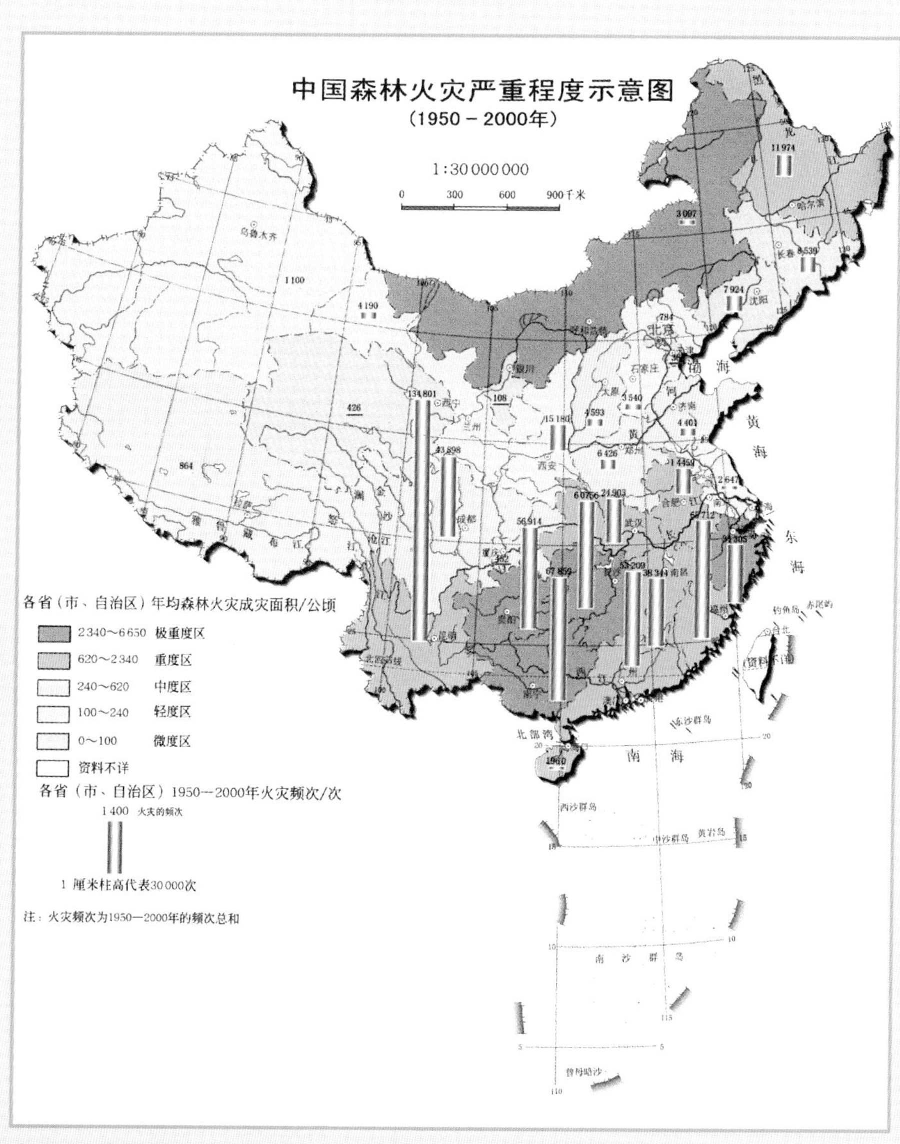

彩图8　我国森林火灾严重程度示意图（图片来源：科技部国家经贸委灾害研究组，中国重大自然灾害与社会图集，广东科技出版社，2004）

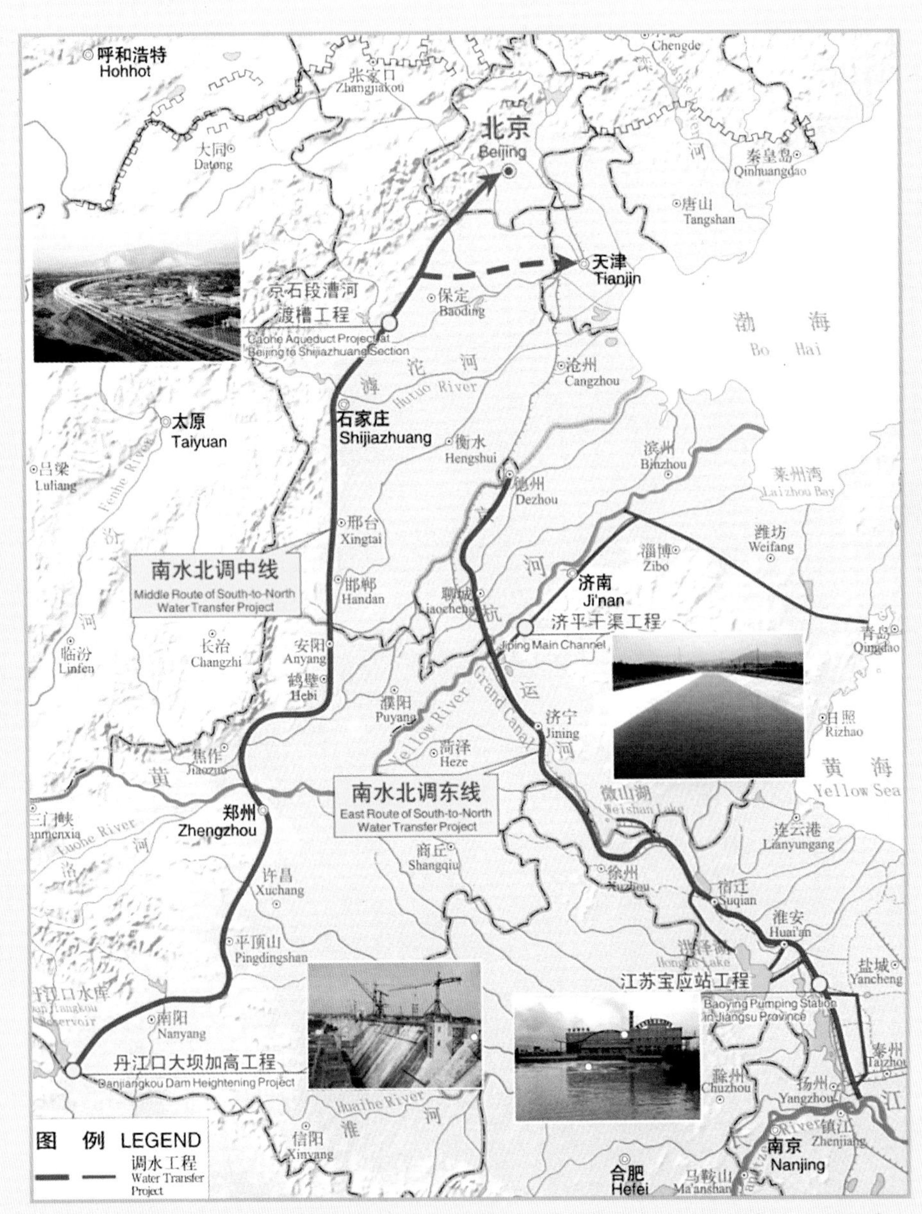

彩图 9　南水北调工程总体布局图（图片来源：中华人民共和国水利部，兴利除害富国惠民——新中国水利 60 年，中国水利水电出版社，2009）